"十二五"国家重点图书出版规划项目

防灾减灾技术丛书

城市灾害与抗震
防灾对策

丛书主编　宋波

宋波　陈彦然　编著

U0193883

中国水利水电出版社

www.waterpub.com.cn

·北京·

内 容 提 要

　　本书通过总结分析近年来的城市发展与灾害特征，以地震灾害为主线，对城市地表灾害等物理现象进行了分析，对城市桥梁、管线、地铁、电力设施等城市生命线工程和建筑结构灾害及对策进行了归类分析，阐述了国内外城市防灾减灾法律体系及抗震防灾规划等内容。同时围绕近年来对房屋建筑地震保险、防灾社区建设等热点问题，重点进行了叙述。

　　本书可以为高等院校、设计研究单位提供科学研究的第一手资料，可以为交通及建设等行政主管部门提供施政决策的参考，也可以对现代城市管理部门、交通及建设主管部门、高等院校、设计研究单位、施工单位等起到很好的参考作用，同时也可以作为大、中、小学的防灾减灾辅助教材。

图书在版编目（ＣＩＰ）数据

城市灾害与抗震防灾对策 ／ 宋波，陈彦然编著. --
北京 ：中国水利水电出版社，2017.5
（防灾减灾技术丛书）
ISBN 978-7-5170-5468-9

Ⅰ．①城… Ⅱ．①宋… ②陈… Ⅲ．①城市－灾害防治②防震减灾 Ⅳ．①X4②P315.94

中国版本图书馆CIP数据核字（2017）第109494号

书　　名	防灾减灾技术丛书 **城市灾害与抗震防灾对策** CHENGSHI ZAIHAI YU KANGZHEN FANGZAI DUICE
作　　者	丛书主编 宋波 宋波　陈彦然　编著
出版发行	中国水利水电出版社 （北京市海淀区玉渊潭南路 1 号 D 座　100038） 网址：www. waterpub. com. cn E - mail：sales@waterpub. com. cn 电话：（010）68367658（营销中心）
经　　售	北京科水图书销售中心（零售） 电话：（010）88383994、63202643、68545874 全国各地新华书店和相关出版物销售网点
排　　版	中国水利水电出版社微机排版中心
印　　刷	北京嘉恒彩色印刷有限责任公司
规　　格	203mm×253mm　16 开本　14.25 印张　334 千字
版　　次	2017 年 5 月第 1 版　2017 年 5 月第 1 次印刷
印　　数	0001—2000 册
定　　价	**45.00 元**

前 言
Preface

中国是历史上地震灾害最严重的国家之一。2016 年是唐山大地震 40 周年，唐山地震作为我国典型的城市灾害，对城市造成了巨大的破坏，也给人民生命和财产带来了严重的损失。唐山地震后 40 年来，我国在防灾减灾领域尤其是在城市防灾减灾的施策、研究以及新技术应用等方面取得了长足的进步。

近年来，城市化进程加速，人口高密度集中化趋势日趋明显，生命线工程错综复杂，地下空间的开发等导致了灾害形式的复杂化，如今约 50% 的人口居住在城市之中，随着社会生产力和社会财富向有限地域的高度集中，现代城市的灾害脆弱性表现日趋突出。据统计，如果 GDP 翻一番，在遭受同样的灾害的情况下，损失将变为 4 倍。因此，从根本上提高现代城市的抗灾能力是摆在我们面前的迫切课题。

2015 年 3 月 18 日，第三届世界减灾大会通过了未来 15 年全球减灾领域最新行动框架，即《2015—2030 年仙台减轻灾害风险框架》（简称《仙台框架》）。明确了加强国家和地区合作，提高应对新的灾害风险和现有灾害风险的能力，对未来 15 年的韧性城市建设指出了方向。

本书通过总结分析近年来的城市发展与灾害特征，以地震灾害为主线，对城市中各种常见的灾害形式进行了深入浅出的解说，不仅可以对现代城市管理部门、交通及建设主管部门、高等院校、设计研究单位、施工单位等起到很好的参考作用，也可作为大、中、小学的防灾减灾辅助教材与参考资料。相信本书的出版能在提高城市综合防灾能力，建设宜居城市方面发挥积极的作用。

本书作者在长期从事防灾减灾研究的过程中积累了大量第一手的现场资料，本书在此基础上分析归纳而成。其中书稿的许多内容得到了国家自然科学基金、住房和城乡建设部等多项课题的支持，得到了教育部国际合作特色项目的支持。北京科技大学硕士生张景星、江毅、黄付堂、殷炳帅、张尊科、何宇鑫、程景霞、郝晓敏、崔小利等人参与了相关项目研究工作，博士生和硕士生冯国俊、双妙、李吉人、张辉、李陈阳、李杨、杨贝等人参加了图文的整理工作，硕士生谢明雷、马勇和李剑等人参加了本书的编辑及校对工作，在此一并致谢。

作　者

2017 年 3 月

目 录
Contents

第1章 绪 论

1.1 现代城市的特点

城市通常是一个国家或地区的政治、经济及文化中心，城镇化在推动人类社会文明和进步的进程中发挥着越来越重要的作用。城市存在于自然环境之中，各类自然灾害的发生都对城市产生不同程度的影响和破坏作用。城市自然灾害种类很多，包括地震、水灾、旱灾、海啸、台风、海水入侵、海岸侵蚀等。

据联合国人居中心数据显示，2010 年全球城市化水平达到 55%，2025 年将达到 65%。在中国，城市化水平从 1978 年的 17.92% 增加到 2008 年的 45.68%，我国城市总人口已经居世界第一位。据有关部门预测，到 2020 年，我国城市化水平将达到 50% 左右，这标志着我国城市化已进入快速发展时期。

现代城市空间结构特点显著，商业、工业区和居民区交织分布在城市内，园林绿化区等各种功能区穿插其中，复杂的交通系统、地下管线、能源基础设施和其他生命线工程共同构成了现代城市的立体运作系统。

随着城市化进程的加快，城市运转越来越依赖于诸如城市供水、供电、燃气、交通、排污等生命线工程设施，城市作为巨型承灾体，在面临地震、洪水、台风等自然灾害的威胁时，如何最大限度地减少城市居民的生命财产损失，是各个研究领域关注的重要课题。

1995 年日本阪神地震，2008 年中国南方大规模的冰雪灾害，2015 年 8 月天津滨海新区发生特大火灾爆炸事故等都对城市防灾提出了更高的要求。同时城市安全的内涵也从防范自然灾害延伸到对突发自然灾害和其他人为灾害的防范等领域。现代城市具有以下 4 个特点：

（1）城市规模越来越大，人口集中化倾向显著。据联合国对全世界人口城市化的情况调查：50 年前，只有不到 30% 的世界人口居住在城市中，而今天，约 50% 的人口居住在城市之中。不仅如此，现在世界人口较 50 年前有了很大的增长。人口向城市集中，导致了社会生产力和社会财富向城市这种有限地域的高度集中。

以日本东京为例，其作为日本的政治、经济与文化的中心城市，随着集中化的推进，国家政治机构、民间企业的总部、金融、情报机构等组织的中枢都在逐步集中，人口的集中也很显著，城市向郊外扩张，逐步发展为高密度都市，如图 1.1 所示。

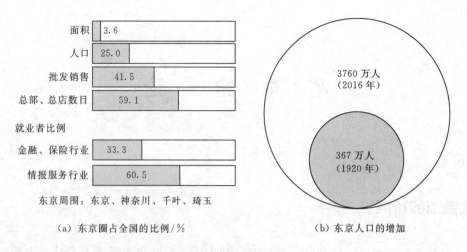

面积 3.6

人口 25.0

批发销售 41.5

总部、总店数目 59.1

就业者比例

金融、保险行业 33.3

情报服务行业 60.5

东京周围：东京、神奈川、千叶、琦玉

（a）东京圈占全国的比例/%

3760 万人
（2016 年）

367 万人
（1920 年）

（b）东京人口的增加

图 1.1　东京都城市的发展状况

人口及其社会活动的集中在产生巨大的经济与社会效益的同时，也给交通设施和公共基础设施带来了巨大的压力。

（2）建（构）筑物集中，各种建筑物形式复杂多样，异型建筑形式突出。现代都市建（构）筑物种类多，形式各异，而且相对集中。以立交桥为例，20 世纪 70 年代城市立交桥并不多见，而且形式结构简单，而如今，结构复杂的城市立交桥已经很普遍。在一些城市，可以看到居民楼与天然气罐毗邻，这种做法在方便居民使用的同时，也给城市的安全埋下了隐患。

城市地下构筑物更是形式多样，包括地下人行通道、地下管线和地铁等，其中地铁是现代城市重要构筑物，同时，相比其他城市地下构筑物，地铁工程具有不断复杂化、大型化和规模扩大化趋势。中国第一条地铁建于北京，于 1971 年运营，全长 23.6km；而现今中国多座城市拥有地铁，比如，截至 2015 年年底上海市地铁运营里程达到 588km，建成车站 366 座；截至 2015 年年底北京市地铁运营里程达到 527km，建成车站 318 座。

因城市建设及各种大型国际性比赛的需要，各种异型建筑不断涌现，如中央电视台办公楼和鸟巢工程，这些新结构形式也对防灾提出了更高的要求。

（3）城市生命线等基础设施交错复杂，信息化程度不断提高，对生命线依赖程度愈来愈高。大规模的城市、高密度的人口给城市的生命线工程提出了更高的要求。地下密布的水电管网，良好的交通运输和通信网络等设施，为城市提供运转动力和发展活力。同时，这些复杂生命线基础设施关联性强，一旦一个系统出现问题，极易扩展到其他系统，进而使得这些城市生命线系统的脆弱性在新的灾害中表现得更加严重，如图 1.2 所示。

（4）城市以及周边区域国家重点工程集中，城市对重点工程依赖愈加明显。随着我国经济发展，国家投入了更多资金用于国家重点工程的建设，这些重点工程通常集中在城市及城市周边。南水北调工程、西气东输工程、三峡工程、青藏铁路工程等缩短了城市间的距离，如图 1.3 所示。

国家"十三五"规划明确提出：将城市综合减灾、尤其是防御巨灾对城市的侵袭作为规划重点，

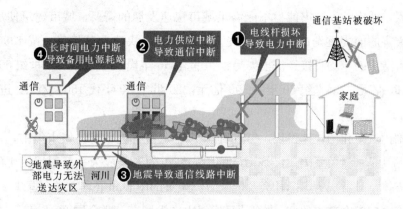

图 1.2 电力设施的损坏影响通信设施的正常运转

图 1.3 三峡工程和西气东输工程

建立涵盖灾害风险评估、规划制度设计、重大隐患排除的对策方案。要从根本上解决城市总体防灾规划的协调制度，尤其要重视突发事件预防与应急准备、监测与预警、处置与救援为一体的应急产业发展策略的启动机制研究等。为应对巨灾，城市还必须具备灾害区划及"警戒线"的保障能力，具备最大限度减少人为灾害并提高对灾害扩大化的遏制。

因此重视城市基础设施、生命线工程和其他工程设施的全面发展与防抗避救能力的建设，研究城市灾害特点，对于积极预防城市灾害，使灾害损失减少到最低程度，以及建设韧性城市对于城市建设与经济发展具有十分重要的意义。

1.2 现代城市灾害的分类及特点

1.2.1 近年来的城市灾害事例

我国是世界上自然灾害造成损失最严重的国家之一。随着国民经济持续发展、生产规模的扩大和社会财富的积累，城市防灾减灾能力不能满足城市快速发展的需要，城市建筑使用时间的增长导致城市抵御自然灾害的能力逐渐减弱，自然灾害造成损失呈快速上升趋势。按 1990 年不变价格计算，我国自然灾害造成的年均直接经济损失为：20 世纪 50 年代 480 亿元，20 世纪 60 年代 570 亿元，20 世纪 70 年代 590 亿元，20 世纪 80 年代 690 亿元，20 世纪 90 年代 1500 亿元，进入 21 世纪已经超过了 2000 亿元。

随着世界范围内城市化的快速发展，21 世纪人口、财富将进一步向城市集中，在自然灾害面前城市的安全性，尤其是一批关系国民经济命脉的中心城市的安全成为关系国计民生的第一要务。城市作为巨大的承灾体，日益成为国际社会及国家防灾减灾的中心和重点。联合国 1994 年在横滨召开的世界减灾大会将面向安全减灾的 21 世纪的目标集中在大城市；联合国 2015 年 3 月 14 日在日本东北宫城县仙台市召开的第三届世界减灾大会，会议提出了世界未来 15 年城市减灾的主要方向，全球各城市要突出防灾、减灾、备灾、恢复和重建，推动综合防范减灾救灾与可持续发展领域的密切合作。我国将《仙台减灾框架》中的 7 项目标和 4 个优先行动领域有机融合到中国的综合防灾减灾"十三五"规划中。

近年来，城市灾害不仅给城市造成了重大损失，也给城市防灾减灾提出了新的课题。调查与分析城市灾害特点是建立正确的防灾体系，采取有效减灾措施的科学依据和基础。随着城市的不断进化和发展，灾害也在不断变化，这种变化不仅体现在数量以及危害性上，还体现在灾害的形式和种类等方面。

例如，2008 年初，我国遭遇了 50 年一遇的雪灾，持续的雨雪天气导致了通信、交通、电力等基础设施严重受损。在这次雪灾中，贵阳市的电线积冰直径最高达到了 7mm，由于没有及时地采取措施消除电线积冰，最终导致了输电线路断裂、市内大面积停电、工厂停产、多条铁路干线信号中断、铁路系统瘫痪，加上路面积冰使得高速公路封闭，造成大量旅客滞留。

再如，2012 年 7 月 21 日北京遭遇大规模的连续强降雨，全市主要积水道路 63 处，积水 30cm 以上路段 30 处，路面塌方 31 处，5 条运行地铁线路的 12 个站口因漏雨或进水临时封闭，机场线东直门至 T3 航站楼段停运。25 条 10kV 架空线路发生故障，全市受灾人口达 190 万人。

城市生命线工程基础设施灾害实例表明，生命线系统的破坏导致重大城市灾害，应是城市防灾的重点，必须引起足够的重视。因此要开展充分的防灾对策与灾后修复对策研究，从生命线工程的系统构成、设施布局、结构方式、组织管理等方面，提高生命线系统的防灾抗灾功能，尽量避免由生命线系统的损伤导致次生灾害的产生，最大限度减轻城市的总体灾害损失。

此外，除了气象灾害和生命线工程灾害之外，美国"9·11"事件、日本东京沙林毒气事件、中国 SARS 卫生健康危机事件等均反映出城市灾害的种类不断增多的特点。从这些灾害中不难看出，现代城市在不断遭受像地震、洪水和台风这样传统自然灾害困扰的同时，还要面对不断出现的非传统潜在灾害危险。由于这些非传统灾害比自然灾害更具有隐蔽性、不确定性、偶发性和突发性，也逐渐成为城市防灾与安全所关注的领域。

1.2.2 城市灾害的分类

21世纪以来，全球各类灾害频繁发生，巨灾多而且损失大，并多发生在城市，城市安全防灾已成为世人所关注的主要焦点之一。对城市建设而言，城市防灾工程的作用显得尤为重要，是保障城市稳定健康发展的前提和基础。

城市灾害以城市作为特殊的承灾体，种类比较多，为了更好地研究城市灾害，更清楚地把握各种传统与非传统的灾害，对城市灾害进行分类是有必要的。

城市灾害种类繁多，按形成原因可以分为自然灾害和人为灾害，按其表现形式则包括气象灾害（台风、暴雨等）、地质地貌灾害（滑坡、地震等）和城市生命线系统灾害（城市交通运输、通信、能源、给排水工程等的破坏）。不管是采用怎样的分类方法，不仅要关注原生灾害本身，还要考虑次生灾害及衍生灾害扩大化问题。

城市主要灾害形式包括：地震灾害、水灾、气象灾害、火灾与爆炸、建筑结构老化致灾、城市地质灾害、城市环境灾害、海洋灾害、通信信息灾害等。以下对各地的主要灾害形式进行简要分类。

1. 冰雪灾害

冰雪灾害作为重要的一种环境与气象灾害，长期以来备受人们关注。例如，2006年1月，欧洲遭遇强寒流袭击，俄罗斯等国家及地区先后出现了大幅降温和异常寒冷天气；日本北海道岛和本州岛沿海岸地区普降暴雪，其中本州岛中部的新潟县最大积雪深达393cm，给城市建筑与交通均产生了不同程度的影响。

2008年，在我国南方各城市发生大范围低温、雨雪、冰冻等自然灾害。上海、浙江、江苏等20个省（市、自治区）均不同程度受到低温、雨雪、冰冻灾害影响，如图1.4所示。因灾死亡129人，失踪4人，紧急转移安置166万人，倒塌房屋48.5万间，损坏房屋168.6万间，因灾直接经济损失1516.5亿元人民币。暴风雪造成城市多处铁路、公路、民航交通中断，城市电力系统因负荷过大而被迫中断。

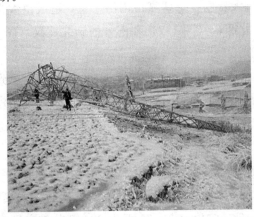

图1.4 南方雪灾造成城市电力设施受损和交通瘫痪

2. 暴风灾害

风荷载是建筑结构中重要的荷载类型，近年来，随着城市高层建筑的增加，一些公共设施例如广告牌、临时设施、输变电路成为城市大风的新灾源。较为典型的是 1992 年 4 月 9 日 11 级大风使北京市 40 多处广告牌被吹倒，如图 1.5 所示。

图 1.5　大风导致的广告牌倒塌

随着玻璃幕墙等的大面积使用，诸如此类的塌落灾害也正在成为城市新的灾害增长点。

3. 洪水灾害

洪水灾害是暴雨导致的重要的气象灾害，洪水对城市安全造成的威胁主要来自于短时间降水过多导致城市排水系统的超负荷，进而影响道路、输电线路等设施，中断城市的运输、供水供电等。同时如果城市有河流穿越，还可能受到上游暴雨或洪水的影响，沿海城市还有可能产生海水倒灌叠加的效应等。

2012 年 7 月 21 日，北京遭遇大规模的连续强降雨，全市平均降水量达到 170mm，为自 1951 年以来有完整气象记录最大降水量。北京市区立交桥下道路多处积水，大多数社区都受到不同程度的影响，城市主干道通行中断，社区内部及周边地区多处发生大范围的内涝灾害。由此造成的社会影响有社区周边交通阻塞中断，社区出行不便，部分社区断水断电，以及社区内停靠的许多车辆被积水淹没，如图 1.6 所示。

城市内涝是近年来我国城市多发性灾害现象，主要是由于现代城市路面硬化面积过大，导致汇流系数加大，地漏严重短缺，相同暴雨产生的洪峰流量加大，泄洪障碍增多，洪水下泄不畅，进而导致多种次生灾害的发生。

2016 年全国降水总体偏多，6—7 月我国南北 20 余省（市、自治区）受到特大暴雨袭击，多地出现严重洪灾，南方出现 20 次区域性暴雨，长江中下游降水量普遍达到 100～250mm，其中安徽南部、湖北东部超过 250mm；河北发生历史罕见的特大暴雨，一些城市内涝严重，造成重大人员伤亡和财产损失。在 2016 年全国性强降雨中北方的河北邢台（图 1.7）和南方的湖北武汉（图 1.8）受灾尤为严重。

2016 年 7 月 19 日起，河北邢台出现入汛以来最强降雨过程，截至 7 月 26 日，洪灾已致邢台市 35 人死亡，12 人失踪，全市受灾面积达 252.95 万亩，部分重灾区水深超过 1.5m，受洪水浸泡时间超过 30h。本次洪灾邢台市受灾人口达 103.4 万人，紧急转移安置 88568 人，农作物受灾面积 11.33 万公顷，倒塌房屋 4051 间，造成直接经济损失 10.05 亿元。

同样，截至 2016 年 7 月 11 日，受连续 7d 的暴雨影响，且由于武汉市湖泊数目近年来减少 68.5%，湖泊面积减少 27.1%，洞庭湖泥沙淤积、围垦种植等原因，湖南的蓄洪能力大幅度降低。暴雨灾害造成全市受灾人口 100.5 万人，共转移安置受灾群众 19.78 万人次。部分重灾区水深超过 2m，受洪水浸泡时间达 35h，房屋受损严重，直接经济损失 39.96 亿元。

（a）立交桥下被淹

（c）大批民众滞留

（d）京港澳高速被淹

图 1.6 北京"7·21"大暴雨

图 1.7 2016 年邢台洪灾

图 1.8　2016 年武汉洪灾

4. 风暴潮灾害

风暴潮是海洋灾害的一种类型。风暴潮是由台风、温带气旋、冷锋的强风作用和气压骤变等强烈的天气系统引起的海面异常升降现象，又称风暴增水或气象海啸。风暴潮是一种重力长波，周期从数小时至数天不等，介于地震海啸和低频的海洋潮汐之间，振幅（即风暴潮的潮高）一般数米，最大可达两三千米。它是一种沿海城市经常面临的自然灾害，与之相伴的狂风巨浪可酿成更大灾害，危及到自海岸向陆地广大纵深地区城乡居民的生命和财产安全，其影响所涉及的滨海区域潮水暴涨，冲毁海堤海塘，吞噬码头、工厂、城镇和村庄，造成巨大灾难。通常把风暴潮分为温带气旋引起的温带风暴潮（如中国北方海区）和热带风暴（台风）引起的热带暴潮（如中国东南沿海）两类。

世界上绝大多数因强风暴引起的特大海岸灾害都是由风暴潮造成的，如图 1.9 所示。2006 年 8 月 10 日，"桑美"登陆我国沿海内陆，福建的个别地区遭到了风暴潮的重创，其中宁德死亡 227 人，失踪 157 人；福鼎沙埕港 1 万多只渔船遭受重创，1000 多只损毁，400 多只沉没，死亡 208 人。

图 1.9　台风造成的城市受灾

据统计，2015 年台风灾害共造成我国 11 个省份受灾，浙江和广东两省各项灾情指标均占全国总数的 40% 以上，其中，因灾死亡失踪人口占 80% 以上，农作物绝收面积和直接经济损失占 70% 左右。

5. 火灾和爆炸灾害

城市火灾通常具有很强的蔓延性，火灾常常会影响较大的一片区域，如图 1.10 所示。1997 年 6 月 27 日 21 时 26 分，北京东方化工厂罐区发生特大火灾爆炸事故，造成 9 人死亡，直接经济损失 1.18 亿人民币。1998 年 1 月，黑龙江省佳木斯市华联商厦发生火灾，1 死 5 伤，火灾面积 2 万 m^2。2002 年 11 月 26 日晚，山东省潍坊市大虞区一居民住宅楼因液化石油气泄漏发生爆炸而引起火灾，造成 9 人死亡。2006 年 11 月广州番禺颐达纺织厂近千平方米厂房仓库突发大火，并发生爆炸，8h 烧掉 3 个亿的财产。2009 年 2 月 9 日晚 8 点半，在建的中央电视台电视文化中心（又称央视新址北配楼）发生特大火灾，如图 1.11 所示。当日晚 8 点半，礼花弹爆炸后的高温星体溅入文化中心建筑顶部擦窗机检修孔内，引燃检修通道内壁的易燃材料，引发大火，火灾致使 1 名前来灭火的消防战士牺牲，另有多人受伤，造成直接经济损失 1.6 亿元。

图 1.10　城市火灾和爆炸事故

2015 年 8 月 12 日，天津港"8·12"火灾爆炸事故，导致天津滨区新区周围住宅房屋遭受毁灭性的破坏，交通大面积瘫痪，遇难人数达 165 人，此次事故使市民的生命及财产受到了巨大的损失。

6. 地震灾害

历史上，地震活动对城市造成破坏实例众多。城市因人口、工程设施、财产高度密集，经济发达，所以地震灾害的直接损失、间接损失特别严重，如表 1.1 所示，因此地震灾害成为防灾减灾的重点。最为典型的是 1976 年 7 月 28 日发生在河北唐山市的 7.8 级大地震，典型破坏情况如图 1.12 所示，该地震造成 24.2 万人死

图 1.11　中央电视台新址大火

亡、16.4 万人重伤。2008 年 5 月 12 日发生在四川省阿坝藏族羌族自治州汶川县映秀镇与漩口镇交界处汶川大地震（$M=8.0$）共造成 6.9 万人死亡，37 万人受伤，是建国以来破坏力最大的地震之一。

表 1.1　　　　　　　　　　　　　　重 大 地 震 危 害

地震城市	时间/年	震级/里氏	死亡人数/人	财产损失/亿美元
智利	1960	9.5	5.3 万	6
唐山	1976	8.0	29 万	56
墨西哥	1985	8.1	1 万	40
旧金山	1989	7.0	68	60
神户	1995	7.2	6348	2000
印尼	2004	9.3	20 万	2300
汶川	2008	8.0	6.9 万	200
智利马乌莱区	2010	8.8	486	300
日本	2011	9.0	1.1 万	2100

图 1.12　唐山大地震灾害

7. 滑坡灾害

滑坡灾害对处于山区的城市带来的损失不可忽视。引发滑坡灾害的因素多种多样，其中地震和降雨是引发滑坡的主要因素。1995 年阪神大地震中神户地区的不少地区发生地质灾害，比如路基滑坡，导致主要交通路线无法正常运行，如图 1.13 所示。在地震作用下，路基部分回填土软化，发生蠕变导致抗剪强度下降，进而导致滑坡发生。

8. 海啸灾害

海啸灾害往往给沿海城市带来的灾害损伤不可估量，例如 2011 年 3 月 11 日，日本近海发生 9.0 级强烈地震，并引发最高高达 40.5m 的海啸，水墙一般的宽阔巨浪冲向陆地，包括汽车、房屋、港

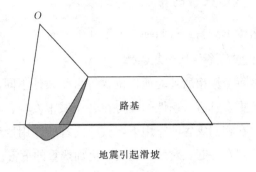

地震引起滑坡

（a）滑坡现场 　　　　　　　　　　（b）滑坡示意图

图 1.13　公路路基滑坡

口停泊的船只、机场飞机、公路、桥梁、码头等交通运输设施被毁，整个交通运输系统陷入瘫痪，如图 1.14 所示。

图 1.14　2011 年日本海啸破坏状况

11

1.2.3 城市灾害的特点

城市灾害的特点可归纳为以下几个方面。

1. 灾害的多样性和复杂性

虽然每个城市所处的地理位置等自然条件不同，但是随着城市的发展，这种影响在减小，我们可以看到更多具有普遍性的灾害在各个城市发生。从这些城市灾害的总体分析看来，城市灾害的种类多样，在相同灾害的作用下，城市灾害的作用也比非城市类灾害更具复杂性。同时新型灾害和传统灾害交织在一起，对城市造成了更加严重的危害。

随着现代城市的发展，构成城市系统的元素也越来越复杂，城市致灾因素也趋于多元性，城市灾害的形式也越来越多样化，这也使城市防灾减灾面临新的挑战。

在"9·11"事件发生之前，超高层建筑设计过程中很少考虑来自空中的威胁，2001年"9·11"事件的发生也预示着现代城市发展所面临的灾害形式复杂多样化。2003年8月14日，美国纽约市中心街区发生大面积停电，进而影响美国东部几大城市和加拿大部分城市，停电持续了30个小时；2003年SARS事件持续了3个多月，造成近千人死亡，对整个亚洲地区的医疗机构造成了很大的冲击。

即使是现代城市中的同一类型构筑物，其可能遇到的灾害形式也有很大不同，以地铁为例：1995年的东京地铁沙林毒气事件，2001年韩国首尔地铁遭受水灾（图1.15），2003年韩国大邱地铁的纵火案（图1.16），2005年英国伦敦地铁爆炸案，各国城市地铁系统逐渐成为各种灾害的载体。

图 1.15　2001 年汉城地铁受水灾

图 1.16　2003 年韩国大邱地铁火灾时烧毁的车厢

2. 灾害的广域性

随着对城市防灾减灾的逐步重视，一般小型城市灾害将容易得到有效控制，但是在面对较大的灾害时，常有多个城市受同一灾害的影响，灾害的治理和防御不仅仅是一个城市的任务，单个城市也无法有效地抵抗区域性灾害。

比如俄亥俄州的康尼斯维尔发电厂在 2003 年 8 月 14 日下午停机，其他两家发电厂继而停机，此后两条输电电缆失灵，这些电缆失灵导致从俄亥俄州到密歇根州东部的电路被堵塞，巨大的电流以逆时针方向流动，此后，100 多家发电厂受影响而告停机，使北美地区 5000 多万人口受到停电影响，这次大停电造成美国国内生产总值一天损失将近 250 亿～300 亿美元。同样的，上文提到的 2005 年的"卡特里娜"所造成的灾害绝不仅仅只局限于新奥尔良市，墨西哥湾沿岸的一系列港口、20％的美国炼油设施等都受到影响。

灾害的区域性影响不仅是物质性的，还包括精神性的灾后灾民安置和恢复重建工作，灾害心理学研究也成为减灾对策中的一个重要研究内容。

3. 灾害的扩散性和连锁性

城市灾害的空间影响性往往要大于发生源所能波及辐射的范围，这就是城市灾害所具有的扩散性。例如一座建筑物内部失火，可能引发周围的建筑大火，甚至引起爆炸性灾害。由于灾害具有很强的扩散性，城市灾害并不是孤立发生的。许多灾害，特别是等级高、强度大的自然灾害发生以后，常常会诱发一连串的灾害，这就是我们说的连锁性强的特点。

4. 灾害影响范围的扩大性，危害面广、破坏性大

对城市影响最大的是突发性灾害，灾害来势越猛，灾情发展越迅速，城市损失也越严重。城市作为一个区域的政治经济交通文化中心，人口高度集中，在同样灾害强度下，其损失要明显高于非城市地区。这里所说的破坏性大，不仅仅是指对经济财产的破坏性，还包括对城市功能网的破坏，对个人生命的危害。

表1.2 给出了世界各国 GDP 之总和（据世界银行 2001 年相关数据）与全球自然灾害造成总损失（据慕尼黑再保险公司相关数据）的关系，对表内数据进行拟合处理，得到图 1.17。经济发展的程度可以用国内生产总值（GDP）来表示。GDP 越高，表示经济越发展。从 1980—1993 年的数字来看，随着经济的发展，GDP 的增加，灾害的损失将更为迅速地增长。若对这些数据整理，可以发现损失增长远比线性增长快得多。如果 GDP 翻一番，则灾害损失将变为 4 倍；如果经济翻两番，则灾害损失将变为原来的 16 倍。

表 1.2 　　　　　　　全球灾害造成的损失与全球 GDP（1980—1995）　　　　　　　单位：美元

年份	GDP/$(\times 10^{12})$	损失/$(\times 10^{9})$	年份	GDP/$(\times 10^{12})$	损失/$(\times 10^{9})$
1980	10	36	1988	18	52
1981	11	3	1989	19	30
1982	11	20	1990	21	38
1983	11	11	1991	22	45
1984	12	3	1992	23	52
1985	12	13	1993	24	59
1986	14	15	1994	26	77
1987	16	20	1995	27	152

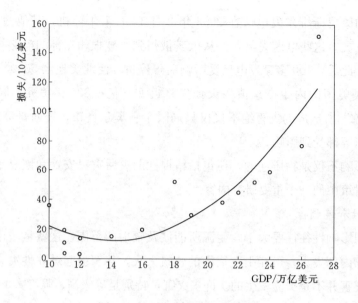

图 1.17 GDP 与损失拟合曲线

5. 灾害影响的国际性

城市发生灾害，其破坏不仅涉及城市本身，甚至可能波及整个国家，对国家经济造成影响，引起社会动荡。比如美国的"9·11"事件，以及松花江水污染事件等。灾害成因及影响区域的国际化对国际间综合防灾提出了更高的要求。

1.3 本书主要内容

城市的抗震减灾是城市发展和建设中非常重要的一部分，地震以及各种其他形式的灾害对城市的经济发展、城市建筑和基础设施以及居民的生命安全都会造成巨大的损害。因此本书从城市防灾减灾法律体系、城市灾害种类、典型事例、减灾对策和防灾减灾新技术等方面对城市抗震减灾进行了分析介绍。

本书共分 10 章，第 1 章是绪论部分，主要介绍了现代城市的特点，并结合近年来的城市灾害事例分析了现代城市灾害的分类及特点。

第 2 章主要介绍了城市安全体系的建立和抗震防灾法律法规的主要内容，简要介绍了不同国家和地区的抗震防灾法律法规，这些法规可为我国防灾法律法规体系建设提供参考。

第 3 章主要介绍了地表灾害与物理现象，从断层破坏、地基的砂土液化、滑坡现象引起的变形、地面的不均匀沉降等进行分析，阐述了地表灾害的防治对策及新技术的应用。

第 4 章论述了城市防灾规划与避难场所建设的相关内容，以城市抗震规划为主进行了阐述，并重点介绍了关于避难场所建设方面的相关规定与要求。

第 5 章以城市生命线工程灾害及减灾对策为核心，重点介绍了城市桥梁、管线、电力设施和地铁等的震害实例以及相应的抗震减灾措施。

第 6 章主要论述了建筑结构的典型灾害，包括：建筑结构基础的破坏，钢筋混凝土结构的破坏，钢结构与钢骨结构的破坏，砌体结构与木结构的破坏，以及抗震防灾对策，并给出了基于大数据的既存建筑评估方法与应用示例。

第 7 章针对城市防灾社区建设，通过分析城市防灾社区的发展与建设现状，基于城市防灾社区评价指标体系的建立，分析了城市防灾资源与防灾社区建设方面的需求，提出了防灾社区的评价和推进示范社区建设的方法。

第 8 章围绕我国房屋建筑地震保险制度的推广与应用，在对美国、日本和新西兰等其他国家房屋建筑地震保险制度与现状进行分析的基础上，阐述了地震保险实施策略，也同时介绍了建筑地震易损性评价方法。

第 9 章围绕现代城市防灾减灾新技术的应用，在分析现代城市与城市灾害发展现状的基础上，重点介绍了工程结构控制技术、工程结构隔震与消能减震技术和地理信息系统在抗震防灾中的应用。

第 10 章主要在阐述现代城市的脆弱性和灾害特点的基础上，着重介绍了现代城市防灾减灾在管理体系、防灾规划、规范建设以及抗震设计等方面所取得的成绩，并分析了城市抗震减灾研究的发展趋势。

第2章 城市防灾减灾法律法规体系

在全球范围内地震灾害频发的大环境下，为提高防灾减灾工作的效率，保证防灾减灾工作的质量，各国分别从立法的角度出发，建立完善防灾减灾法律体系，采取强制性措施，保证防灾减灾工作的高效顺利实施。归纳分析各国防灾减灾法律体系的优缺点，借鉴别国的优秀经验，对完善我国相关立法具有一定的借鉴意义。

2.1 国外防灾减灾法律法规体系

2.1.1 日本防灾减灾法律体系

日本作为地震高发国家，为应对地震灾害，日本政府用数十年时间建立了一套地震预防、准备、救援和重建的战略规划，并予以法律化、制度化。每当发生大规模地震后，日本政府吸取灾害对策过程中的经验和教训，就会颁布相应的地震对策法规，弥补防震抗震的缺陷。日本不仅具有完备的建筑单体抗震法规，且从区域防灾、城市整体防灾规划等各方面也拥有完善的法律体系。

1. 城市整体防灾减灾层面

1880年日本制定第一个防灾法——《备荒储蓄法》，之后陆续制定了一系列专项灾害防治法律，如1946年颁布了《灾害救助法》，1961年10月31日通过了防御和减轻自然灾害的综合性、基本性法律——《灾害对策基本法》。《灾害对策基本法》既是所有灾害对策法规的根本大法，又保留了原有的灾害对策相关法律和法规的完整性，并对原来法律的不足部分进行必要的补充，调整各法律法规的相互关系，因而能够统领各部灾害对策法律法规。按照日本《防灾白皮书》的分类，这一体系共由52项法律构成，其中属于基本法的有《灾害对策基本法》《大规模地震对策特别措施法》等6项，与防灾直接有关的有《河川法》《海岸法》等15项，属于灾害应急对策法的有《消防法》《水防法》《灾害救助法》3项，与灾害发生后的恢复重建及财政金融措施有直接关系的有《关于应对重大灾害的特别财政援助法》《公共土木设施灾害重建工程费国库负担法》等24项，与防灾机构设置有关的有《消防组织法》《海上保安厅法》等4项，日本有关城市防灾建设的相关法规见表2.1。

通过对灾害认知程度的提高以及历次救灾过程经验的总结，日本逐步建立了一系列的抗震救灾法律体系。主要有：《灾害救助法》（1946年）、《建筑基本法》（1950年）、《灾害对策基本法》（1961年）、《地震保险法》（1965年）、《地震防灾对策特别措施法》（1995年）、《建筑物抗震修复促进法》

（1995 年）、《受灾者生活重建支援法》（1998 年）等。这些法律既是救灾工作的行动指南，又是救灾经验的总结，对救灾的及时性、成效性都提供了基本保障。此外，日本的防灾法律的制定不仅涉及单纯的灾害防治法，对于灾后的保险、重建等各个方面均进行了较为详细的规定。

表 2.1　　　　　　　　　　　日本有关城市防灾建设的相关法规

相关法律体系	名　称	备　注
基本法体系	《灾害对策基本法》《大规模地震对策特别法》	《灾害对策基本法》主要包括 11 个部分：总则、防灾组织、防灾计划、灾害预防、灾害应急对策、灾害修复、财政金融措施、灾害紧急情况、其他规定、惩罚措施附则；《大规模地震对策特别法》设置的目的主要是为消除大规模灾害对人民生活及产业的影响，从管理及技术层面作了相应的规定
灾害预防体系	《建筑基本法》《气象法》《防止山体滑崩土体滑坡法》《台风常袭地区灾害防除的特别措施法》《大雪地区特别措施法》《防止大坡度地区崩塌法》《地震防灾对策特别措施法》《建筑物抗震修复促进法》《密集市区防灾街区整备促进法》	《建筑基本法》对建筑物及所属土地、结构、附属设施、建筑物用途、防火区域及特定防灾街区、城市规划区域、景观街区等的使用用途、管理方法、责任关系、建筑物抗震加固、完善街区规划、管理等技术层面的要求进行了较为详细的规定
灾害应急对策体系	《灾害救助法》《消防法》《水防法》	《灾害救助法》最初制定于 1947 年 10 月 18 日，并于 2006 年 6 月 7 日作了最后修订
灾害复兴、财政金融措施体系	《公共土木设施灾害修复费国库负担法》《公立学校设施灾害修复费国库负担法》《地震保险法》《有关集体转让促进国家事业财政特别措施法》《受灾市区复兴特别措施法》《受灾者生活重建支援法》	《地震保险法》的设立有助于地震受害者生活的稳定，并能普及保险公司的地震保险事业
组织体系	《消防组织法》	

2. 社区防灾层面

日本政府于 1956 年制定了《城市公园法》，1973 年在《城市绿地保全法》中将建设城市公园置于"防灾系统"的地位，1986 年制定了"紧急建设防灾绿地计划"，提出要把城市公园建设成为具有"避难地功能"的场所。从 1972 年开始至今，日本已实施了 6 个"建设城市公园计划"，每个计划均涉及加强城市的防灾结构、扩大城市公园和绿地面积，以及把城市公园建设成保护城市居民生命财产安全的避难地等相关内容。

1993 年，日本修改《城市公园法实施令》，把公园提到"紧急救灾对策所需要的设施"的高度，第一次把发生灾害时作为避难场所和避难通道的城市公园称为"防灾公园"。建设部于 1998 年制定了《防灾公园计划和设计指导方针》，就防灾公园的定义、功能、设置标准及有关设施等作了详细规定。2000 年又出版了《防灾公园技术便览》，全面论述了防灾公园的规划、设计与建设中的相关问题。城市防灾减灾相关法规制度的建立对于推动防灾公园的建设起到了重要的监督作用。

3. 建筑群、单体建筑物防灾层面

日本有关建筑物抗震的法规多达 63 部。1981 年日本政府修改了《建筑基本法》，提高了建筑物的抗震标准。实践证明提高建筑物的抗震标准是抗震的有效方法，在 1995 年阪神地震中，按照新的《建筑基本法》建造的房屋几乎完好无损，而不抗震的住房倒塌，导致的人员死亡人数占地震中人员死亡人数的 90%。1980 年日本制定了《都市防灾设施基本规划》，在规划中对于城市密集地区的消防规划以"火不出，也不进"为基本观点，用阻断燃烧带将城市分隔成许多防灾生活圈，围绕这个构想建设城市。1997 年 3 月在结合阪神大震灾教训的基础上，制定了《建设防灾都市推进计划（整备计划）》，同年 5 月又制定了《密集市区防灾街区整备促进法》等相关法律。

日本防灾减灾法律体系是相对完善的，其在防灾减灾的过程中发挥了明显的作用，有效地降低了灾害带来的损失。

通过对日本防灾减灾管理体系的分析，可以发现以下特点：

（1）防灾减灾法律体系健全完善。《灾害对策基本法》是日本防灾减灾的根本法，在该法中关于防灾组织体系、防灾预防、防灾应急措施、灾后重建、灾害财政拨款、灾民安置等一系列防灾减灾事宜均作了较为详细的规定。据统计，日本共制定了相关的灾害应急管理法律法规共 227 部。

（2）防震救灾应急管理组织体系科学严密。日本的防灾减灾管理体系是一套从中央到地方的垂直管理体系，实行从中央政府到都道府、市町村严格分级管理负责的制度。其基本职责及相互关系是：上级政府主要向下级政府提供技术、资金等支持。当发生灾害时成立以政府首脑为总指挥的"灾害应急救助部"，指导本地区的灾害救助事宜。

（3）救灾重建保障体系健全完善。灾后重建也是防灾减灾工作的一项重要组成部分，关系到灾民的灾后生活、工作和学习环境的建设。灾后保障与重建必须要有相应的资金与制度保障，日本灾后重建的制度包含了政府财政救援制度、灾害救助制度和灾害重建制度。这一系列的制度体现了中央财政与地方财政对灾后重建的制度性救助，包括财政负担原则，中央与地方的财政负担比例，对自然灾害特别是地震灾害的资金使用等各方面作了全面且系统的规定。

（4）灾前预防全面深入。日本通过良好的应急教育和防灾演练，提升了民众的灾害意识，民众的危机意识强，并掌握了一定的自救和互救技能。实行一定区域内救助物资储备制度，一般每 4 年更换一次，将更换下的物资用于实物演练，日本基本上每个家庭都储备应急用品和自救用具。地方政府充分利用学校体育馆、操场、公园等，设置了应急避难场所，并设置指示标志，引导公众迅速且准确地到达避难场所。

（5）信息反馈体系反应灵敏、功能强大。日本设置了内阁情报中心，负责快速地搜集和整理国内外的情报，建立了中央与地方的通信网，强化了中央防灾无线通信系统。

日本的城市防灾法律体系中众多的相关法规将城市规划的内容延伸和细化，此部分法规大致分为两类：一类是有关城市规划法内容的延伸和细化的相关法律法规（如《土地区划整理法》《城市再开发法》等）；另一类是具有独自的对象和内容（如《建筑基本法》等）或超越城市规划法的空间层次（如《道路法》等）的相关法律法规。

日本通过制定一系列的相关法律法规，构成了一个较为完整的防灾减灾法律体系，它覆盖了防灾、救灾、重建的各个环节。这一系统的建立，为日本在灾害发生后进行迅速有效的救援工作，以及对灾区应采取的救助措施提供了法律依据，减少了灾害损失。

2.1.2 美国防灾减灾法律体系

美国等欧美国家一贯重视通过立法来界定政府机构在紧急情况下的职责和权限，先后制定了上百部专门针对自然灾害和其他紧急事件的法律法规，建立了以《国家安全法》《全国紧急状态法》和《灾难和紧急事件援助法案》为核心的危机应对法律体系。1950年美国国会制定了第一部减灾计划——《灾害救助和紧急救援法》，这是美国第一部与应对突发事件有关的法律。该法规定了重大自然灾害发生时的救济和救助原则，适用于除地震以外的其他突发性自然灾害。1977年10月，美国国会制定了《地震灾害减轻法》，规定建立国家地震灾害减轻计划，以减少地震造成的生命和财产损失。2005年1月，美国重新构建危机管理机制，制订了新的《国家应急反应计划》。根据该计划，美国将设立一个永久性的国土安全行动中心，作为最主要的国家级多机构行动协调中心。《国家应急反应计划》将利用国家紧急事件管理系统，为不同部门间的协作建立起标准化的培训、组织和通信程序，并明确了职权和领导责任。

美国在重大事故应急方面，已经形成以联邦法、联邦条例、行政命令、规程和标准为主体的完备的法律法规体系，其中《美国联邦应急救援法案》《紧急状态管理法》和《国家突发事件管理系统》是3部最主要的法律。美国联邦紧急事务管理局（FEMA）除了制定全国防灾计划外，还制定了社区版的"可持续减灾计划"（Sustainable Hazards Mitigation Plan），其中指出土地利用规划内容，例如对于社区所在位置的潜在自然灾害及对科技灾害状况的了解；居民房屋建筑选址的安全性检查；用于避难场地的绿地是否预留充足等。同时各社区成员都有权要求地方政府严格执行建筑管理，并进行监督检验。

美国所遭遇的主要灾害包括洪水、海啸、地震、飓风等突发灾害。为了更好地应对突发灾害，美国于1976年通过了《全国紧急状态法》，在紧急状态期间，总统可颁布一些法规，还可以对外汇进行控制。美国联邦政府的灾害管理制度通过立法形式予以保障，除《全国紧急状态法》之外，还设立了《洪水灾害立法》《灾害救济法》《地震法》《海岸带管理法》等专项法案。

为了在灾害发生后更好地调动资源，更有效地进行灾害的救助。美国成立了国家应急决策机构（由总统和国家安全委员会负责）和国家应急综合协调机构（主要由联邦应急事务管理署和安全部负责）。

国家应急决策机构的主要功能是就国家安全和重大危机处置为总统决策提供咨询、建议和意见。对于涉及国家安全方面的重大事件处理，由总统召集、主持国家安全会议进行讨论决策。

国家应急综合协调机构职责包括：在国家遭受攻击时协调应急工作；在国家安全遭受危险的紧急时期保障政府功能的连续性和协调资源的动员工作；在灾害规划、预防、减轻、反应和恢复行动的各阶段全面支持各州和地方政府；在总统宣布的灾害和紧急事件中协调联邦政府的援助；促进有关灾害破坏效应的研究成果的实际应用；和平时期出现放射性污染事件时的应急民防协调工作；提供培训、教育与实习机会；加强联邦、州与地方应急官员的职业训练；减轻国家遭受灾害的损失；实施国家火灾保险计划中的保险、减轻火灾损失及其危险的评估工作；负责执行地震灾害减轻计划；领导国家应急食品和防洪委员会；实施有关灾害天气应急和家庭安全的社会公众教育计划等。

概括起来，美国防灾减灾管理体系有以下特点：

（1）应急反应标准化和自动化。标准化主要体现在应急术语的标准化、应急成员单位衣服穿戴的规范化和灾害事件所处状态表现形式的规范化。美国各级应急处理中心通过使用最新技术，不断完善信息系统功能，提升与各职能部门间的沟通能力，实现信息资源共享，保证应急组织成员单位的快速反应能力。一旦某一指标达到警戒标准，应急处理系统就会自动启动，进入工作状态。

（2）应急预案精细化。通过对已发生的突发公共事件的总结，充分考虑民众生命和财产安全，紧急救援中心不断修改完善应急预案，使之更加详细和实用，更加接近灾害救助的实际情况，提升预案的可操作性，从而使得应急预案更加精细化。

（3）联动机制效率化。美国紧急救援中心根据发生灾害事件的特点，决定各成员单位之间的分工与合作关系。美国的应急预案和计划对相关单位的责任给予了明确规定，便于行动高效率的实施。

（4）参与的大众化。在突发灾害的救援过程中，社会大众的力量起着非常重要的作用。美国民众的救助热情很高，例如社区救灾反应队、美国红十字会、城镇防震行动议会等基层组织、志愿者组织等非政府组织都会积极地参与到救援工作中来，这是来自于全国各地一股强大的力量，大大减少了灾害带来的损失。

（5）应急处理宣传的透明化及信息共享化。美国规定各级政府均不得对媒体封锁有关灾害的消息，并有专门的记者对灾害发生的程度进行报道，使得大量的非受灾民众能够及时地了解灾情，并实施救援工作，并且政府对记者在紧急救灾中的作用十分重视。

2.1.3　其他国家防灾减灾法律体系

1. 印度

印度政府十分重视国家防灾减灾的建设，为了减少灾害带来的损失，政府采取了相应的政策和措施，重视法律建设，将其纳入发展规划，提高民众的防灾意识中。印度政府还将气象防灾减灾作为持续发展战略的基本组成部分，并制定了《全国危机管理框架》《灾害应急管理法》等一系列法律法规。

印度的灾害管理组织体制颇具特色，在国家、邦、县和区一级均有统一的灾害管理机构。针对地震管理专门出台了《国家灾害管理指南（地震管理）》，其主要的内容包含了地震管理的方法、框架、计划，以及实施的机制。该法律还涉及新结构建筑的抗震设计及施工，生命线、优先级和现有建筑的必要的抗震加固，要求抗震设计和施工实行制度化。另外，该法律还注重加强灾前意识防范，灾中紧急救援和灾后管理计划。

国家灾害管理准则中抗震能力不足的建筑和结构是由国家灾害管理局（NDMA）制定，并与各利益相关者、来自全国各地的专家学者、印度政府有关部门的专家和官员等人进行磋商。

提高房屋抗震能力是有效减轻地震灾害的关键，在印度专门针对建筑和结构颁布的《国家灾害管理指南（抗震能力不足的建筑和结构）》，对抗震能力不足区域的建筑物的建造和改建提出了要求，并提出了相关改造案例的研究和改造计划。

在利用现代信息技术提高防灾的能力方面，印度走在了发展中国家的前列。印度地震观测局由36个地震观测站组成，由印度气象部门通过国家信息网络连接起来，这些观测站已经进行了长期的数据收集，具备了良好的分析研究的基础。地震观察系统能够对地震的各种观察数据进行集中处理，在第一时间作出地震预警的发布。

印度的经验表明，利用信息技术管理整合应急信息，实现了应急信息的取之于民用之于民，并且使得信息收集更加全面系统。在面对信息技术处理应急信息方面我国仍面临很大的问题和挑战，需要深入研究。

2. 土耳其

作为后进的发达国家，其在超限建筑的抗震防灾方面取得了较好的成果，有关建筑抗震方面的规定较为详细，值得我国学习借鉴。

土耳其自然灾害频发，损失惨重，为改善本国的受灾情况，土耳其政府制定了一系列的防灾减灾法律法规，其中1944年的《地震前、后应采取的措施》，关于震后援救和临时救灾系统进行了规定，其中明确规定了灾害发生后国家政府应当负担的责任。

此外，其颁布的《2007年地震规范》（2007 Turkish Earthquake Code）在建筑物建造的角度，对建筑物的抗震性能做出详细的规定，严把建筑物的抗震性能质量关，提升了该国建筑物的抗震性能，大大减少了地震灾害中建筑物的破坏损失。

土耳其在灾害发生时采取中央和地方两级政府的责任、权力和协调的方式，系统高效地采取救援措施。该国成立了民防队，专门负责全国范围内的自然灾害的救助工作，并明文规定将减灾所需的费用在纳入国家预算的基础上，成立了专门的灾害基金会。

该国的一系列立法措施，保障了建筑物抗震性能的提高，尽量减轻建筑物破坏带来的损失，并维护了灾害预防和灾后救助的秩序，各组织和个人协调合作，有秩序地进行相关工作，大大提升了防灾减灾的效率。

3. 新西兰

新西兰处于环太平洋火山地震带，是地震频发国。新西兰政府重视防灾工作，设有专门负责地震灾害防御工作的民防部门，全国民防委员会由民防大臣任命的相关的单位负责人组成，从中央政府到地区、地方级政府均设有防灾减灾机构。全国民防委员会和计划委员会配合工作，制订计划方案，提出民间防卫和国家紧急事态方面的减灾计划，一旦发生灾害，国家立即进入紧急状态，国家民防总指挥部就立即启动，确保民防工作有效进行。

新西兰政府注重建筑立法，严格要求建筑物的抗震水平和建造质量，《2016年建筑修正案（具有地震危害的建筑）》（Building Earthquake Prone Buildings Amendment Act 2016）是新西兰防震减灾法律重要的组成内容，在2016年进行了再次修订，主要涉及内容有：政府对特定建筑优先级的判定，对具有地震多发危害建筑的识别，以及二级政府对具有易发地震危害建筑的管理权限等。

通过对建筑物优先等级的确定以及危险区域建筑的工程评估，确定建筑物的危险等级，及时地采取有效的抗震措施和加固措施，规范政府的行为，以最大限度地减少地震灾害对建筑物的破坏，减少地震灾害带来的损失。

新西兰防灾体系的主要任务包括灾害减轻、准备、响应及恢复等 4 个环节。在灾害防御中非常重视民众意识的提高和民众的积极参与，在国家政府的领导和人民大众的广泛参与下，有步骤、有秩序地进行灾害防御和灾害援助工作。

此外，新西兰的隔震技术处于世界的领先水平，其建筑研究协会是专门研究建筑物抗震的机构，事实表明其发明的抗震建筑在地震发生时，在很大程度上减少和避免了人身和财产损失。

2.2　国外典型防灾减灾法律法规一览

2.2.1　日本典型防灾减灾法律法规

日本各防灾减灾法律法规既相互独立又相互配合，可操作性强。以《灾害对策基本法》为统领，由预防、应急、重建三大部分构成，各部分相辅相成，又相互独立，其中有关抗震防灾的法律法规有《大规模地震对策特别措施法》《地震防灾对策特别措施法》《城市规划法》等。

1.《灾害对策基本法》

《灾害对策基本法》可以说是日本防灾救灾方面最重要的一部法律。1959 年伊势湾台风在日本登陆，造成了近 5000 人死亡、近 4 万人受伤的惨重损失。台风灾害发生后，日本发觉当时的防灾法律过于零散，相互之间缺乏统一性，以至于相关行政部门无法在防灾中充分发挥作用，因此于 1961 年制定了该法，其目的是为建设统一的防灾救灾体系，使灾害预防、灾害救援以及灾后重建等方面的法规相互协调起来，综合性且有计划地完善防灾管理法律法规。

该法既是所有灾害对策法规的根本大法，又保留了原有的灾害对策相关法律和法规的完整性，并对原来法律的不足部分进行必要的补充，调整各法律法规的相互关系，统领了各部门灾害对策法律法规。

在 1995 年阪神大地震发生后，日本又吸取了大地震的教训，两次对该法进行了修正。现在的《灾害对策基本法》经过了 20 多次的修改，主要内容如下：

（1）明确了相关部门在防灾工作中的职能。规定国家、都、道、府、县、市、町、村以及指定的其他机构应当各自制订、实施防灾计划，并应相互协助。

（2）建立综合性的防灾行政体系。规定设立国家、都、道、府、县、市、町、村等各级防灾会议，作为综合性的协调机构，对防灾进行管理。另外，该法还规定在灾害发生或可能发生时，都、道、府、县以及市、町、村应当设置灾害对策本部，以便采取有效的应急措施。在发生地震等灾害时，国家也要成立非常（紧急）灾害对策本部进行协调指挥，以便准确、迅速地实施灾害应急措施。

（3）要求各级机构制定防灾计划。规定中央防灾会议应当制定防灾基本计划，对有关防灾的综合性、长期性的事项做出规划。而各都、道、府、县应当制定区域防灾计划，医院、商场、宾馆、铁路等指定机构则应当制定防灾业务计划。

（4）对灾害措施的具体实施做出规定。该法规定灾害措施包括灾害预防、灾害应急对策以及灾害重建等各阶段的措施，并对各阶段措施的实施责任主体及其职责、权限做出了规定。

（5）对重大灾害时的财政支持做出了规定。该法规定，在发生重大灾害时，国家可以向地方政府提供特别财政援助，为受灾群众提供补助。

2.《大规模地震对策特别措施法》

该法律制定于1978年，制定了三级计划：①国家级计划——地震灾害基本计划；②地方和部门计划——地震防灾强化计划；③特殊行业企业计划——地震防灾应急计划。该法律将所含区域的6个县及167个市、町、村指定为"地震防灾对策强化区域"，规定将加强这些地区的地震观测体制，制定防灾计划，完善防灾设施，并规定了提供国家财政援助的方法。同时，还规定了一旦发出地震预警时，国家、地方等各级部门应当采取的具体措施和履行的具体职能。

应当说，以地震预测为基础，制定专门的防灾法律在世界上还是不多见的，通过这一法律的实施，日本地震风险区域的防灾能力得到了很大的提升。

3.《地震防灾对策特别措施法》

1995年日本发生了阪神大地震，造成6000多人死亡。地震发生之后，日本政府总结了这次地震的经验教训，制定了《地震防灾对策特别措施法》。

该法以震前预测大规模地震发生为前提，作为事前措施，指定需要加强地震防灾对策的重点地震防范区域，强化地震观测体制，完善防震救灾体制。

《地震防灾对策特别措施法》的主要内容可以分为两部分：第一部分是规定全国各都、道、府、县必须从1996年开始制定《地震防灾紧急事业五年计划》，完善避难场所、避难通道、消防设施和通道等相关基础设施的建设，并对公立学校、幼儿园进行排查，对学校设施进行改建，以加强学校设施的抗震性能。第二部分是决定设立"地震调查研究推进本部"，目的是完善研究体制，建立国家级的地震观测、评估、宣传体系和整体性的地震调查研究体制。

4.《建筑基本法》

从1996年开始，对其先后修订了3次，把各类建筑的抗震基准提到最高，要求商业楼宇能抗8.0级地震，使用期限要超过100年，是日本主要的建筑法律文件。

《建筑基本法》通过制定场地、建造、设备和建筑物使用的最低标准来保护国民的生命、健康和财产的安全，由总则、建筑规范和规划规范3部分组成。总则规定了行政管理、违法处罚和实施程序等；建筑规范规定了结构设计（荷载、结构计算、低级维护结构等）、防火安全（防排烟、防火分区、疏散通道、耐火材料等）、建筑设备（暖通空调、给排水、卫生洁具等）的技术要求；规划规范规定了土地使用、建筑高度、区域规划、防火分类、基础设施、外部工程、外部基础设施等的要求。

综合以上日本在抗震防灾方面的建设，除建立的抗震防灾法律外，还制定了一系列的相关法律、法规，构成的防震减灾法律体系比较完整。各法律法规相互补充，覆盖了灾前预防、灾中救援、灾后重建的各个环节，且各法律内容明确具体。

在防灾方面有关地震预测、相关知识宣传、地震防灾演练、建筑的抗震标准和加固等方面的主管部门和人员的责任均做出了明确的规定，并且在紧急救援方面，制定了灾后救援的完整体系，包括对灾情的及时汇报，救援队的组织管理等。

日本的防震减灾法律体系重视预防和规划，注重在总结灾害经验教训的基础上进行立法。结合日本的实际情况，建立符合日本国情的法律制度，有助于减少地震损失和提高救援效率。

2.2.2　美国典型防灾减灾法律法规

由于美国的州和地方政府具有较大的自主权，美国的法律法规难免会因州和地方政府的不同而包罗万象。以美国的《罗伯特 T. 救灾和紧急援助法案》《2000 年减灾法》《2002 年国土安全法》和《联邦法规第 44 条》等法规为例介绍其防灾减灾法律的特点。

1.《罗伯特 T. 救灾和紧急援助法案》

美国政府重视应急法律执行及完善工作，专门成立了斯坦福法案委员会，负责《罗伯特 T. 救灾和紧急援助法案》的评价、实施检查、执行投入工作，并为该法案完善提供意见和建议，从而使政府能够更好地进行应急准备和应急响应。

1988 年《罗伯特 T. 救灾和紧急援助法案》生效实施，主要内容是对突发事件应急管理的框架、主要流程、主要政策、应急计划的主要内容、所涉及的部门等作了相应的介绍。它规定了在美国本土发生重大灾害时的应对措施，是美国官方各种救灾减灾行动的指导法案。

这是一部综合性的灾害救援和应急管理法律，其涉及的不仅有自然灾害，而且有人为灾害如恐怖主义活动。

这部法律的执行主体是总统和联邦紧急事务管理局（FEMA），但同时对地方和相关实体的职责和作用也有规定，它是一部操作性强，涉及全面的灾害救援及应急法律指南，同时也对部门和组织间协调配合做出了详尽的规定。受 2007 年恐怖主义和"卡特里娜"飓风的影响，该法进行了修订。

该法是美国很重要的一部联邦法律，它不仅体现美国防灾应急的思路是综合减灾、统一管理，而且就地震应急管理而言，能制定这样一部重要的法律，有利于集中资源快速高效地进行应急管理。

其实施的目的为：制定适宜的工作方法，进行有关防灾事项的宣传，促进调查，提高防灾和救灾的效率等。

2.《2000 年减灾法》

《2000 年减灾法》由美国国会组建的参议院与众议院联合颁布，目的是为了修正《罗伯特 T. 救灾和紧急援助法案》，授权预减灾程序、精简救灾管理、控制灾害援助费用以及其他目的。

该法律具有联邦政府的性质，但其规定的全面性又无法与日本的《灾害对策基本法》相提并论，主要内容包括灾难发生前的防灾减灾，以及国家或政府相关机构精简管理与降低成本方面的事项。其中第一章、第二章和第三章主要关于灾前的调查、减灾、救灾部队和救灾过程中维修、重建和更换设施成本的控制，以及灾后消防、拨款程序等细节问题进行了相关的规定。

3.《2002年国土安全法》

"9·11"事件之后，2002年美国时任总统布什正式签署了《2002年国土安全法》，这也标志着美国国土安全部的正式成立。

《2002年国土安全法》将海岸警卫队、移民和规划局及海关总署等相关的22个部门合并为一个国土安全部，由总统直接领导，其极大地加强了美国国土资源管理的整体系统性。

《2002年国土安全法》第五章应急预案和响应中，规定了应急准备与响应部门负责人的职责及职责转移、联邦应急管理局的职责、私营部门的应急响应等方面的内容。

4.《联邦法规第44条》

行政法典的编纂也按照法律规范所涉及的领域和调整对象，分为50个主题。由于对于国家基本制度等方面的事项，联邦政府无权立法，因此行政法典的这50个主题分类并不完全等同于美国法典的50个主题，但两者在很多主题的名称上是完全一致的。

为了便于公众查找方便，联邦政府行政法典是按照联邦机构管理的内容作为分类标准的。美国行政法典的50个主题，按前后顺序排列分别是：总则、保留、总统、抚恤金，津贴和老兵救助、邮政服务、环境保护、公共合同与财产管理、公共卫生、公共土地、抢险救灾（第44个主题）、公共福利、航运、电信、联邦收购规则系统、交通、野生动物与渔业。

本法律就第44条抢险救灾方面的内容进行了详细的规定，其中对漫滩湿地、洪水灾害和地震等自然灾害的紧急救援和灾后重建做出了规定，明确了各级政府、私人团体和个人的职责，确保了救灾活动的顺利实施。

5.《2006年建筑条例》

美国《2006年建筑条例》是一项把控建筑项目是否得到许可的法规，对建筑许可机关起到了规范约束的作用，同时规定了建筑许可申请人的资格要求，以及申请的法制程序，规范了建筑许可机关工作人员和承包商的工作内容，对于提高建筑质量具有至关重要的作用。

6.《国家地震灾害减少项目的战略计划》

美国国会制订了《国家地震灾害减少项目的战略计划》（NEHRP），以集中国家的力量减轻由地震造成的生命和财产的损失。美国联邦紧急事务管理局、美国地质调查局、国家科学基金会及国家标准技术研究所担负贯彻执行联邦政府关于领导、协调、实施地震研究，减轻灾害以及防灾活动的主要责任。NEHRP的五年计划阐明了联邦政府各主要部门的工作目标和职责。

7.《当地减灾计划审查指南》

《当地减灾计划审查指南》的目的是帮助联邦和州政府官员能够使用公平一致的方式评估当地减灾计划，并确保当地的减灾计划能够符合《斯塔福德法案》和《联邦法规第44条》的相关规定。该指南由简介、计划指导原则、计划评估、监管监察、计划审查的程序五部分组成。

在防灾减灾方面美国取得了较大的成果，且具有自己的特点，美国州和地方政府利用其自主权，为管辖领域量身定制符合自身灾害特征的方案方针，其中美国在应急响应机制方面颇为成功，美国的应急响应机制包含以下几方面：

（1）应急响应的目标：保护人员；降低原生灾害造成的损失；减小次生、衍生灾害造成的损失。

（2）应急响应的内容：保护受灾区域的安全；搜救伤员；提供紧急医疗救护；提供疏散人员和其他伤员的避难场所。

（3）应急响应程序：调动联邦政府资源和发布灾害后果；灾害处置，调动所有联邦机构进行应急处置；整合联邦、州、少数部落和地方应急响应计划；后勤管理目标是提供准备的资源、时间、技术、地点、经费等；灾后恢复重建，与地方政府一道，帮助社区进行恢复重建；前期目标是恢复社区的基础设施。这些基础设施包括供水系统、污水处理系统、电力系统、燃料系统、无线电通信系统和交通系统等，最终目标是将社区的生活恢复到灾难发生前的正常状态。

（4）应急响应具体措施：①短期措施主要是救济和灾后复原，主要包括：清除通往受灾地区的废墟；复兴基本经济活动；恢复政府基本服务；向灾民提供住宿、衣物和食物。②长期措施主要是恢复重建工作，主要包括：重建重要建筑设施，包括建筑物、道路、桥梁和大坝等；复兴当地的经济系统，提供州和地方政府的恢复重建经费支持。

在美国法律的强制性保障和联邦应急管理署的系统协调下，美国形成了一个综合性应急管理系统，涵盖了灾害预防、保护、反应、恢复和减灾各个领域。

2.2.3 其他国家防灾减灾法律法规

1. 印度

同为发展中国家且饱受自然灾害侵害的印度，为了减少灾害带来的损失，提高国家的灾害管理能力，印度政府采取了相应的政策和措施，重视法律建设，将其纳入发展规划，提高民众的防灾意识中。《国家灾害管理指南（地震管理）》和《国家灾害管理指南（抗震能力不足的建筑和结构）》是印度防震减灾方面的重要法律，介绍如下。

（1）《国家灾害管理指南（地震管理）》。印度的灾害管理组织体制颇具特色，在国家、邦、县和区一级均有统一的灾害管理机构。针对地震管理专门出台了《国家灾害管理指南（地震管理）》，其主要的内容包含了地震管理的方法、框架、计划，以及实施的机制。该法律还涉及新结构建筑的抗震设计及施工，生命线、优先级和现有建筑的必要的抗震加固，要求抗震设计和施工实行制度化。另外，该法律还注重加强灾前意识防范，灾中紧急救援和灾后管理计划。

（2）《国家灾害管理指南（抗震能力不足的建筑和结构）》。印度政府颁布的《国家灾害管理指南（抗震能力不足的建筑和结构）》，其主要内容为：印度抗震能力不足地区住房类型和改造方案，以及相关的技术、财政、法律支持，并提出了相关改造案例的研究和改造计划。

2. 土耳其

《2007 年土耳其地震规范》（2007 Turkish Earthquake Code）较为全面地规定了土耳其建筑物建

造方面的要求，是土耳其建筑物建造的重要依据，从建筑物不同的结构类型、场地选择及要求、结构的抗震构造要求、抗震构件的设置等方面进行了详细规定。

3. 新西兰

《2016年建筑修正案（具有地震危害的建筑）》（Building Earthquake Prone Buildings Amendment Act 2016）是新西兰防震减灾法律重要的组成内容，在2016年进行了再次修订，主要涉及内容有：政府对特定建筑优先级的判定，对具有地震多发危害建筑的识别，以及二级政府对具有易发地震危害建筑的管理权限等。

通过对建筑物优先级等级的确定以及危险区域建筑的工程评估，确定建筑物的危险等级，及时地采取有效的抗震措施和加固措施，规范政府的行为，以最大限度地减少地震灾害对建筑物的破坏，减少地震灾害带来的损失。

2.3 我国防灾减灾法律法规体系

从20世纪80年代后期开始，经过30余年的发展，我国的防灾减灾立法工作逐步完善，先后颁布了一系列有关灾害防治的法律、法规及规章，初步建立了以宪法为依据，以《中华人民共和国突发事件应对法》为核心，相关单项法律法规配套管理的法律法规体系，在国家法律、行政法规、部门规章、地方性法规及规章、重要规范性文件等层面均有防震减灾立法，并且形成了一定的防震减灾法律体系框架。但与重特大自然灾害的严重性、持续性和复杂性相比，与发达国家相比，我国的防灾法律体系尚待完善。

2.3.1 国家法律层面

国家法律层面的综合防灾减灾基本法是以我国宪法为基础制定的有关防灾减灾工作责任和义务的基本法律，对灾害管理的基本内容、原则及大政方针予以明确，对灾害管理的目的、范围、方针、政策、基本原则、重要措施、管理制度、组织机构、法律责任等作出原则性规定，其中最重要的部分是有关灾害管理组织和灾害防御方面的内容。

《中华人民共和国防震减灾法》属于国家法律层面，调整和规定了我国抗震方面的社会关系。它的实施标志着我国防震减灾工作全面进入法制管理的轨道。目前实施的版本为2009年5月1日起开始实施。该法律主要涵盖了地震监测预报、地震灾害预防、地震应急救援、地震灾后过渡性安置和恢复重建等4个环节。

2.3.2 行政法规层面

防灾减灾行政法规主要是为实施灾害基本法而制定的规范性文件。此外，对较具体的基本法中未给予规范的问题，也由防灾减灾行政法规加以规定。这一层次的法规，是我国防灾减灾法律法规的主体。

《汶川地震灾害恢复重建条例》主要的特点为：过渡性安置方式多样，对学校、医院等采取特殊要求，对具有重大工程问题且设施毁坏严重的工程追究其相关责任，将"心理援助"纳入灾害重建的法制化轨道等。

1995 年实施的《破坏性地震应急条例》，其目的是加强对破坏性地震的应急管理工作，维护震后的社会秩序，保障国家财产和人民的安全。其主要内容包括应急机构的设立、应急预案的制定、灾后应急工作及奖罚制度等。

2.3.3 部门规章方面

部门规章是指国家最高行政机关所属的各部门、委员会在自己的职权范围内发布的调整部门管理事项的规范性文件，是国务院各部门、各委员会、审计署等根据法律、行政法规的规定及国务院的决定，在本部门的权限范围内制定和发布的调整本部门范围内的行政管理关系的，并不得与宪法、法律和行政法规相抵触的规范性文件，其主要形式为命令、指示、规定等。

《建设工程抗震设防要求管理规定》，已于 2002 年 1 月 16 日经中国地震局局务会议通过，主要根据《中华人民共和国防震减灾法》和《地震安全性评价管理条例》，其制定目的是为了加强对新建、扩建、改建建设工程抗震设防要求的管理，从而防御与减轻地震灾害，保护人民生命和财产安全。

2.3.4 地方性法规及规章层面

我国地方性规划数量庞大，结构复杂，主要包括：各地区城市根据自身发展需要制定的发展规划及相关规定、城市综合防灾总体规划及相关专项防灾规划、突发公共事件应急预案和灾后恢复重建规划等。

各省均制定了《防震减灾条例》以及实施办法，并在地方性法规的基础上，制定了相关的部门规章，例如四川省在制定《四川省防震减灾条例》的基础上，为有效抗御以及减轻地震灾害，结合四川省实际，制定了《四川省建设工程抗御地震灾害管理办法》。

我国自 20 世纪 80 年代以来相继出台了《中华人民共和国突发事件应对法》《中华人民共和国水土保持法》《中华人民共和国防震减灾法》《中华人民共和国水法》《中华人民共和国防洪法》等 30 多部与防灾减灾密切相关的法律法规，并在 2011 年 10 月出台了以《国家自然灾害救助应急预案》为代表的自然灾害类突发公共事件专项应急预案，同时将防灾减灾纳入国家和地方可持续发展战略，为防灾减灾法律体系的建立奠定了制度基础。

（1）与防灾减灾有关的基本法律有：《中华人民共和国城市规划法》《中华人民共和国建筑法》《中华人民共和国防震减灾法》等。

（2）与防灾减灾有关的行政法规有：《国家综合防灾减灾规划（2016—2020 年）》《建筑工程质量管理条例》《建筑工程勘察设计管理条例》《地震安全性评价管理条例》《破坏性地震应急条例》（2011 年 1 月 8 日修正版）、《建筑工程抵御地震灾害管理规定》（建设部第 38 号部令）、《超限高层建筑工程抗震设防管理暂行规定》（建设部第 59 号部令）、《超限高层建筑工程抗震设防管理规定》（建设部第 111 号部令）和《城市规划编制办法》（建设部第 14 号部令）等。

（3）与防灾减灾有关的规范性文件包括：原国家建委《关于确定建设项目的基本烈度和设计烈度的意见》，原国家建委、原国家地震局《关于地震基本烈度鉴定工作的规定》，原国家建委、财政部、原国家劳动总局《关于抗震加固工作的几项规定（试行）》，原国家建委、财政部《关于加强抗震加固计划和经费管理的暂行规定》，原城乡建设环境保护部《设备抗震加固暂行规定》《地震基本烈度 6 度地区重要城市抗震设防和加固的暂行规定》《抗震加固技术管理办法》《城市抗震防灾规划编制工作暂行规定》，原建设部《地震基本烈度 10 度区建筑抗震设防暂行规定》，原建设部、原国家计委《新建工程抗震设防暂行规定》，原建设部《抗震设防区划编制工作暂行规定》《关于加强村镇建设抗震防灾工作的通知》《建设部破坏性地震应急预案》《中华人民共和国建设工程抗御地震灾害管理条例》《城市抗震防灾规划管理规定》，原建设部《城市规划编制办法实施细则》，住房和城乡建设部关于修改《城乡规划编制单位资质管理规定》的决定，关于修改《市政公用设施抗灾设防管理规定》等部门规章的决定，原建设部关于修改《建设工程勘察质量管理办法》的决定，原建设部《城市规划编制办法》《城市抗震防灾规划管理规定》等。

（4）与建设行业相关的技术标准有：《城市抗震防灾规划标准》（GB 50413—2007）、《建筑抗震设计规范》（GB 50011—2010）、《建筑抗震鉴定标准》（GB 50023—2009）、《建筑工程抗震设防分类标准》（GB 50023—2008）、《中国地震动参数区划图》（GB 18306—2015）、《构筑物抗震设计规范（修订稿）》（GB 50191—2012）、《电力设施抗震设计规范》（GB 50260—2013）、《核电厂抗震设计规范》（GB 50267—2012）、《岩土工程勘察规范》（GB 50021—2009）、《室外积水排水和燃气热力工程抗震设计规范》（GB 50032—2003）、《铁路工程抗震设计规范》（GB 50111—2006）、《水工建筑物抗震设计规范》（DL 5073—2000）、《水运工程抗震设计规范》（JTS 146—2012）、《公路工程抗震设计规范》（JTG B02—2013）及其他有关的技术规范和标准。

此外，为全面落实《国家自然灾害救助应急预案》，进一步明确民政部等相关部门救灾应急响应的工作职责，确保救灾应急工作高效、有序进行，我国于 2009 年制定了民政部救灾应急工作规程，包含了救灾预警响应及救灾应急等阶段的分级响应，涵盖了应急响应的启动条件、启动程序、响应措施以及最后的响应终止。为了提高紧急救灾能力，保障灾民基本生活，规范了中央级救灾储备物资及其经费管理，制定了中央级救灾储备物资管理办法，对救灾储备物资的购置与储备管理、调拨管理、使用和回收等方面做出了明文规定，使得救灾物资储备情况得到了改善。

2011 年，中华人民共和国住房和城乡建设部颁布了《市政公用设施抗震设防专项论证技术要点》，其中包括城镇桥梁工程篇，地下工程篇和室外给水、排水、燃气、热力和生活垃圾处理工程篇，为做好全国新建、改建、扩建城镇桥梁工程、城镇地下工程和城镇市政公用设施的初步设计阶段的抗震设防专项论证工作提供了技术支持。

2015 年，住房和城乡建设部颁布了新版《超限高层建筑工程抗震设防专项审查技术要点》，主要针对超限高层建筑工程抗震设防专项审查进行了相关的界定，对超限高层建筑的设计审核、稳定性分析以及构件的抗震措施提出了要求。

2016 年 12 月，国务院办公厅颁布《国家综合防灾减灾"十三五"规划》，规划提出"十三五"期间要进一步健全防灾减灾体制机制，完善法律法规体系。"十三五"期间，面临的主要任务包括：

（1）完善防灾减灾救灾法律制度。加强综合立法研究，加快形成以专项法律法规为骨干、相关应急预案和技术标准配套的防灾减灾救灾法律法规标准体系，明确政府、学校、医院、部队、企业、社会组织和公众在防灾减灾救灾工作中的责任和义务。

加强自然灾害监测预报预警、灾害防御、应急准备、紧急救援、转移安置、生活救助、医疗卫生救援、恢复重建等领域的立法工作，统筹推进单一灾种法律法规和地方性法规的制定、修订工作，完善自然灾害应急预案体系和标准体系。

（2）健全防灾减灾救灾体制机制。完善中央层面自然灾害管理体制机制，加强各级减灾委员会及其办公室的统筹指导和综合协调职能，充分发挥主要灾种防灾减灾救灾指挥机构的防范部署与应急指挥作用。明确中央与地方应对自然灾害的事权划分，强化地方党委和政府的主体责任。

强化各级政府的防灾减灾救灾责任意识，提高各级领导干部的风险防范能力和应急决策水平。加强有关部门之间、部门与地方之间协调配合和应急联动，统筹城乡防灾减灾救灾工作，完善自然灾害监测预报预警机制，健全防灾减灾救灾信息资源获取和共享机制。完善军地联合组织指挥、救援力量调用、物资储运调配等应急协调联动机制。建立风险防范、灾后救助、损失评估、恢复重建和社会动员等长效机制。完善防灾减灾基础设施建设、生活保障安排、物资装备储备等方面的财政投入以及恢复重建资金筹措机制。研究制定应急救援社会化有偿服务、物资装备征用补偿、救援人员人身安全保险和伤亡抚恤政策。

（3）加强灾害监测预报预警与风险防范能力建设。加快气象、水文、地震、地质、测绘地理信息、农业、林业、海洋、草原、野生动物疫病疫源等灾害地面监测站网和国家民用空间基础设施建设，构建防灾减灾卫星，加强多灾种和灾害链综合监测，提高自然灾害早期识别能力。加强自然灾害早期预警、风险评估信息共享与发布能力建设，进一步完善国家突发事件预警信息发布系统，显著提高灾害预警信息发布的准确性、时效性和社会公众覆盖率。

开展以县为单位的全国自然灾害风险与减灾能力调查，建设国家自然灾害风险数据库，形成支撑自然灾害风险管理的全要素数据资源体系。完善国家、区域、社区自然灾害综合风险评估指标体系和技术方法，推进自然灾害综合风险评估、隐患排查治理。

推进综合灾情和救灾信息报送与服务网络平台建设，统筹发展灾害信息员队伍，提高政府灾情信息报送与服务的全面性、及时性、准确性和规范性。完善重特大自然灾害损失综合评估制度和技术方法体系。探索建立区域与基层社区综合减灾能力的社会化评估机制。

（4）加强灾害应急处置与恢复重建能力建设。完善自然灾害救助政策，加快推动各地区制定本地区受灾人员救助标准，切实保障受灾人员基本生活。加强救灾应急专业队伍建设，完善以军队、武警部队为突击力量，以公安消防等专业队伍为骨干力量，以地方和基层应急救援队伍、社会应急救援队伍为辅助力量，以专家智库为决策支撑的灾害应急处置力量体系。

健全救灾物资储备体系，完善救灾物资储备管理制度、运行机制和储备模式，科学规划、稳步推进各级救灾物资储备库（点）建设和应急商品数据库建设，加强救灾物资储备体系与应急物流体系衔接，提升物资储备调运信息化管理水平。加快推进救灾应急装备设备研发与产业化推广，推进救灾物资装备生产能力储备建设，加强地方各级应急装备设备的储备、管理和使用，优先为多灾易灾地区配备应急装备设备。

进一步完善中央统筹指导、地方作为主体、群众广泛参与的灾后重建工作机制。坚持科学重建、民生优先，统筹做好恢复重建规划编制、技术指导、政策支持等工作。将城乡居民住房恢复重建摆在突出和优先位置，加快恢复完善公共服务体系，大力推广绿色建筑标准和节能节材环保技术，加大恢复重建质量监督和监管力度，把灾区建设得更安全、更美好。

（5）加强工程防灾减灾能力建设。加强防汛抗旱、防震减灾、防风抗潮、防寒保畜、防沙治沙、野生动物疫病防控、生态环境治理、生物灾害防治等防灾减灾骨干工程建设，提高自然灾害工程防御能力。加强江河湖泊治理骨干工程建设，继续推进大江大河大湖堤防加固、河道治理、控制性枢纽和蓄滞洪区建设。加快中小河流治理、病险水库水闸除险加固等工程建设，推进重点海堤达标建设。加强城市防洪防涝与调蓄设施建设，加强农业、林业防灾减灾基础设施建设以及牧区草原防灾减灾工程建设。做好山洪灾害防治和抗旱水源工程建设工作。

提高城市建筑和基础设施抗灾能力。继续实施公共基础设施安全加固工程，重点提升学校、医院等人员密集场所安全水平，幼儿园、中小学校舍达到重点设防类抗震设防标准，提高重大建设工程、生命线工程的抗灾能力和设防水平。实施交通设施灾害防治工程，提升重大交通基础设施抗灾能力。推动开展城市既有住房抗震加固，提升城市住房抗震设防水平和抗灾能力。

结合扶贫开发、新农村建设、危房改造、灾后恢复重建等，推进实施自然灾害高风险区农村困难群众危房与土坯房改造，提升农村住房设防水平和抗灾能力。推进实施自然灾害隐患点重点治理和居民搬迁避让工程。

（6）加强防灾减灾救灾科技支撑能力建设。落实创新驱动发展战略，加强防灾减灾救灾科技资源统筹和顶层设计，完善专家咨询制度。以科技创新驱动和人才培养为导向，加快建设各级地方减灾中心，推进灾害监测预警与风险防范科技发展，充分发挥现代科技在防灾减灾救灾中的支撑作用。

加强基础理论研究和关键技术研发，着力揭示重大自然灾害及灾害链的孕育、发生、演变、时空分布等规律和致灾机理，推进"互联网＋"、大数据、物联网、云计算、地理信息、移动通信等新理念、新技术、新方法的应用，提高灾害模拟仿真、分析预测、信息获取、应急通信与保障能力。加强灾害监测预报预警、风险与损失评估、社会影响评估、应急处置与恢复重建等关键技术研发。健全产学研协同创新机制，推进军民融合，加强科技平台建设，加大科技成果转化和推广应用力度，引导防灾减灾救灾新技术、新产品、新装备、新服务发展。继续推进防灾减灾救灾标准体系建设，提高标准化水平。

（7）加强区域和城乡基层防灾减灾救灾能力建设。围绕实施区域发展总体战略和落实"一带一路"建设、京津冀协同发展、长江经济带发展等重大战略，推进国家重点城市群、重要经济带和灾害高风险区域的防灾减灾救灾能力建设。加强规划引导，完善区域防灾减灾救灾体制机制，协调开展区域灾害风险调查、监测预报预警、工程防灾减灾、应急处置联动、技术标准制定等防灾减灾救灾能力建设的试点示范工作。加强城市大型综合应急避难场所和多灾易灾市（县、区）应急避难场所建设。

开展社区灾害风险识别与评估，编制社区灾害风险图，加强社区灾害应急预案编制和演练，加强社区救灾应急物资储备和志愿者队伍建设。深入推进综合减灾示范社区创建工作，开展全国综合减灾示范市（县、区）创建试点工作。推动制定家庭防灾减灾救灾与应急物资储备指南和标准，鼓励和支持以家庭为单元储备灾害应急物品，提升家庭和邻里自救互救能力。

（8）发挥市场和社会力量在防灾减灾救灾中的作用。发挥保险等市场机制作用，完善应对灾害的金融支持体系，扩大居民住房灾害保险、农业保险覆盖面，加快建立巨灾保险制度。积极引入市场力量参与灾害治理，培育和提高市场主体参与灾害治理的能力，鼓励各地区探索巨灾风险的市场化分担模式，提升灾害治理水平。

加强对社会力量参与防灾减灾救灾工作的引导和支持，完善社会力量参与防灾减灾救灾政策，健全动员协调机制，建立服务平台。加快研究和推进政府购买防灾减灾救灾社会服务等相关措施。加强救灾捐赠管理，健全救灾捐赠需求发布与信息导向机制，完善救灾捐赠款物使用信息公开、效果评估和社会监督机制。

（9）加强防灾减灾宣传教育。完善政府部门、社会力量和新闻媒体等合作开展防灾减灾宣传教育的工作机制。将防灾减灾教育纳入国民教育体系，推进灾害风险管理相关学科建设和人才培养。推动全社会树立"减轻灾害风险就是发展、减少灾害损失也是增长"的理念，努力营造防灾减灾良好文化氛围。

开发针对不同社会群体的防灾减灾科普读物、教材、动漫、游戏、影视剧等宣传教育产品，充分发挥微博、微信和客户端等新媒体的作用。加强防灾减灾科普宣传教育基地、网络教育平台等建设。充分利用"防灾减灾日""国际减灾日"等节点，弘扬防灾减灾文化，面向社会公众广泛开展知识宣讲、技能培训、案例解说、应急演练等多种形式的宣传教育活动，提升全民防灾减灾意识和自救互救技能。

（10）推进防灾减灾救灾国际交流合作。结合国家总体外交战略的实施以及推进"一带一路"建设的部署，统筹考虑国内、国际两种资源、两个能力，推动落实联合国《2030 年可持续发展议程》和《2015—2030 年仙台减轻灾害风险框架》，与有关国家、联合国机构、区域组织广泛开展防灾减灾救灾领域合作，重点加强灾害监测预报预警、信息共享、风险调查评估、紧急人道主义援助和恢复重建等方面的务实合作。研究推进国际减轻灾害风险中心建设，积极承担防灾减灾救灾国际责任，为发展中国家提供更多的人力资源培训、装备设备配置、政策技术咨询、发展规划编制等方面支持，彰显我国作为一个负责任大国的形象。

随着国民经济的快速发展以及城镇化程度的不断加深，防灾减灾问题必将日益受到国家以及人民的重视。通过总结中国的城市灾害及开展国外相关防灾减灾法规体系的研究，借鉴国外防灾减灾法规体系的建设经验，不断完善我国的防灾减灾法律法规体系，对于促进我国防灾减灾事业将起到积极作用。

本 章 参 考 文 献

［1］ 国外抗震防灾法规体系研究报告［R］. 北京：北京科技大学，2016.

［2］ 中华人民共和国住房和城乡建设部. GB 50292—1999 民用建筑可靠性鉴定标准［S］. 北京：中国建筑工业出版社，2000.

［3］ 中华人民共和国住房和城乡建设部. 超限高层建筑抗震设计应用技术［S］. 北京：中国建筑工业出版社，2015.

［4］ 中华人民共和国住房和城乡建设部. 地震灾区过渡安置房建设技术导则（试行）［S］. 工程建设标准化，2008.

［5］ 住房和城乡建设部工程质量安全监管司. 房屋建筑和市政基础设施工程施工图设计文件审查管理办法［J］. 建材技术与应用，2013.

［6］ 国家新型城镇化规划（2014—2020 年）［M］. 北京：人民出版社，2014.

［7］ 国家标准建筑抗震设计规范管理组. 建筑抗震设计规范（GB 50011—2010）统一培训教材［M］. 北京：地震出版社，2010.

［8］ 城乡建设防灾减灾"十三五"规划［R］. 住房和城乡建设部，2015.

［9］ 国家综合防灾减灾规划（2016—2020 年）［R］. 国务院办公厅，2016.

［10］ 住房城乡建设事业"十三五"规划纲要［R］. 住房和城乡建设部，2015.

［11］ 国家地震应急预案［R］. 国务院办公厅，2012.

第3章　地表灾害现象

3.1　地表灾害的简介及分类

　　地表灾害是诸多灾害中与地质环境或地质体的变化有关的一种灾害，主要是由于自然和人为的地质作用，导致地质环境或地质体发生变化，当这种变化达到一定程度时，将其对人类和社会所造成的危害性后果称之为地质灾害，常见的地表灾害包括：崩塌、滑坡、泥石流、地裂缝、地面沉降、地面塌陷、岩土膨胀、砂土液化、土地冻融、水土流失、土地沙漠化及沼泽化、土壤盐碱化以及地震、火山、地热害等，几种典型的地表灾害如图 3.1～图 3.4 所示。根据不同的角度和标准，地表灾害的分类也十分复杂，就其成因而论，主要由自然作用导致的地质灾害称自然地质灾害；主要由人为作用诱发的地质灾害则称人为地质灾害。特别值得注意的是，在城市地区，人类大规模的经济-工程活动对环境的影响，在某种程度上已经达到了与自然地质作用相提并论的程度，而且人为地质灾害发展速度快、影响范围大，它们无情地破坏着人类的居住空间，给人类的生存造成威胁。

图 3.1　地裂

图 3.2　滑坡破坏

　　除以上分类外，就地质环境或地质体变化的速度而言，可分为突发性地质灾害与缓慢性地质灾害两大类，前者如崩塌、滑坡、泥石流等，即习惯上称为狭义地质灾害；后者如水土流失、土地沙漠化等，又称为环境地质灾害。根据不同的地质作用引发的地质灾害，可分为两大类，地球内部动力作用引发的灾害称为内动力地质灾害，如地震、火山、地热害等，地球外部动力作用引发的灾害称之为外动力地质灾害，如崩塌、滑坡、泥石流等。地震发生时，在山区亦会引发崩塌与滑坡，此为地震诱发的次生灾害。

图 3.3 砂土液化 　　　　图 3.4 地表不均匀沉降

工程建设中经常考虑工程建设所在场地的震害发生的可能性，例如在《建筑抗震设计规范》（GB 50011—2010）中第 4.1.1 节规定：选择建筑场地时，应根据工程需要，掌握地震活动情况、工程地质的有关资料，对抗震有利、不利和危险地段做出综合评价。对不利地段，应提出避开要求；当无法避开时应采取有效的加固措施。对危险地段，严禁建造甲、乙类的建筑，不应建造丙类的建筑。

其中，有利地段的地表特征包括：稳定基岩，坚硬土，开阔、平坦、密实、均匀的中硬土等；不利地段的地表特征包括：软弱土，液化土，陡坡，河岸和边坡的边缘、高耸孤立的山丘；危险地段包括：地震时可能发生滑坡、崩塌、地陷、地裂、泥石流等发震断裂带上可能发生地表错位的部位。鉴于规范对于不同场地类型有了明确要求，尤其是发生在危险地段的地表灾害，其相对应的防治措施对于工程防灾减灾具有重要意义。

以下将对主要的地表灾害形式及其防治措施予以叙述。

3.2　常见地表破坏形式以及案例解析

3.2.1　断层破坏

岩层受力发生破裂，破裂面两侧岩块发生明显的位移，这样形成的断裂构造称为断层。它主要是因为岩石圈的构造运动产生的，在水平方向的构造运动下，岩体相互分离裂开或是相向聚汇，发生挤压、剪切或错开形成平移断层；而在垂直方向的构造运动下，则使相邻块体做差异性上升或下降形成正断层和逆断层。断层是地壳中一种最常见的地质构造，其具有分布广泛、形态类型多样、规模不一等特点。作为一种不连续面的地质构造，其对岩体本身的稳定性具有重要的影响，主要包括：一方面断层带岩层破碎强度低；另一方面它对地下水、风化作用等外力地质作用往往起控制作用。

断层的各个组成部分称为断层要素，它们包括断层面、断层线、断层盘。根据断层面两侧岩体的相对移动方向可分为上盘和下盘，而根据断层盘沿断层面相对滑移的方向又可将断层分为正断层、逆断层和平移断层。

断层对工程建设十分不利，特别是道路工程建设中，选择线路、桥梁和隧道位置时，应尽可能避开断层破碎带。为了减少在灾害发生时断层对我们的影响，如何提早发现它们就显得尤为重要。其主要的判断依据可分为 3 个方面：①地质体的不连续，岩层、岩体、岩脉、变质岩的片体等沿走向突然中断、错开而出现不连续现象，说明可能有断层存在；②断层面的构造特征，主要包括：镜面、擦痕、阶步、牵引构造以及断层岩的存在；③地貌和水文等标志（断层崖、三角面山等），以上特征为判断断层存在以及进行灾前处理提供了有力的依据。

案例一：1995 年阪神大地震中位于震中的兵库县淡路岛的绿地由于断层存在而出现地表严重开裂的现象。其主要现象为出现一条沿断层走向发展的大裂缝，并且左右两断盘之间发生不均匀沉降。断层引起的绿地开裂现象如图 3.5 所示，由于地下存在断层，地震力使土体沿断层的走向发生了平移。

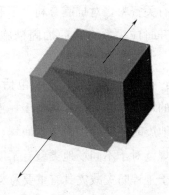

图 3.5　断层引起的绿地开裂

考查要点：对该绿地范围内裂缝的走向、宽度、错动的方式进行记录，并记录周围的地表现象（断层、滑坡等），为进一步对该地区的工程地质条件进行判断提供依据。

对策例：根据抗震规范中的要求，对于存在断层的地区，应尽量避免在其上进行施工，如无法避免应采取适当措施对其加固。

案例二：阪神大地震震中地区由于断层存在而出现地表严重开裂的现象。其现象为出现一条沿倾向方向的裂缝，这主要是在重力和水平方向张力的共同作用下产生的。断层引起的地表开裂现象如图 3.6 所示，由于地下存在断层，地震力使土体沿断层的倾向发生了上、下错动。

考查要点：除对裂缝的走向、宽度、错动的方式进行记录外，针对该地发生的不均匀沉降，要记录其沉降量。

对策例：对重要工程结构，根据规范中的要求，开发前要对所在场地进行地质勘探，对存在断层、节理等不利面时应避免在其上进行施工。

 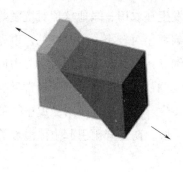

图 3.6 断层引起的地表开裂

案例三：阪神大地震中，震中地区的公路由于断层存在而使路面发生严重的错动。其现象为出现一条沿断层走向的错动缝，这主要是因为断层面属于不连续的薄弱面，当受到与断层走向一致的地震力时，岩体将发生一定的平移。如图 3.7 所示，由于地下存在断层，地震力使道路发生了相对错动。

 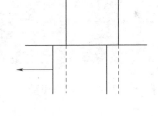

图 3.7 断层引起的道路错动

考查要点：由于断层的存在使该段公路出现错动，因此现场考察时要注意测量错动的距离，以及整个断层的走向及范围。

对策例：对因断层所产生的不连续土体，可采取土体置换的方法，除去裂缝处的土体，并重新覆土夯实。

案例四：阪神大地震的震中断层在地震力的作用下发生了严重的错动，使农田形成了一条明显的滑移缝。这主要是因为断层这一薄弱面在受到与其走向一致的地震力时，土体发生一定的平移。图 3.8 为断层引起的农田错动。

考查要点：对该地区的裂缝的走向、宽度、错动的方式进行记录，同时记录周围的地表现象

（断层、滑坡等），并可利用 3S 系统对该地区地质条件进行分析，为今后在该地区的施工提供依据。

对策例：由于在建筑物的设计阶段考虑了断层对施工的影响，尽量避免在地质条件较差的地区施工，发生在农田、绿地这种对抗震等级要求不高地区的断层地质灾害，其对人民的生活和灾后重建的影响都相对较小。由此可见，事先的勘测勘察对减轻断层所带来的破坏有很大的帮助。

案例五：图 3.9 为阪神地震震中地区出现的由断层引起的裂缝，并伴有降雨现象。

对策例：图 3.9 展示了一种常见的震后破坏地区的临时处理措施。因为震后通常会伴有降雨等现象的发生，为防止雨水对受灾土体的进一步破坏所导致的二次破坏，故在受灾地区采用铺设防水薄膜的手段，防止降雨引起土体滑坡等二次灾害。

图 3.8　断层引起的农田错动

图 3.9　断层产生的裂缝及其防护

3.2.2　地基的砂土液化

地震时，在烈度比较高的地区常常发生喷砂冒水现象，这种现象就是地下砂层发生液化的宏观表现。它往往造成路基不均匀沉降、桥梁的倾斜，给公路运输事业的发展带来危害。其成因主要是土体在震前处于疏松状态，当地震到来时，其受水平的震动荷载，颗粒要发生重新分布，此时土体倾向于由松变密。在这种由松变密的过程中，如果土体的含水量达到饱和状态，孔隙内充满水，且孔隙水在振动的短促时间内排不出去，就将出现从松到密的过渡阶段。这使颗粒离开原来位置，又未落到新的稳定位置，悬浮在孔隙水中，在这一过程中孔隙水压力骤然上升来不及消散，使原来砂里通过接触点传递的压力（有效应力）减小，当有效应力完全或接近完全消失时，砂土层会完全丧失抗剪强度及承载能力，发生砂土液化现象。这种现象的发生主要与地震动的大小和土体自身的含水量、颗粒的大小、级配以及压实状态有关。

砂土液化后，孔隙水在超孔隙水压力下自下向上运动。若砂土层上部没有渗透性更弱的覆盖层，地下水即大面积溢于地表；如果砂土层上部有渗透性更弱的黏性土层，当超孔隙水压力超过覆盖层强度，地下水就会携带砂粒冲破覆盖层或沿覆盖层裂隙喷出地表，产生喷水冒砂现象。地震、爆炸、机械振动等都可以引起砂土液化现象，尤其是地震引起的，范围更广、危害性更大。砂土液化的防治主要从预防砂土液化的发生，防止或减轻建筑物不均匀沉降两方面入手。包括合理选择场地；采取振冲、夯实、爆炸、挤密桩等措施，提高砂土密度；排水降低砂土孔隙水压力；换土，板桩围封，以及采用整体性较好的筏基、深桩基等方法。

案例六：图3.10为路边绿化带发生的喷砂冒水现象。这主要是因为在地震力的作用下饱和砂土液化中的孔隙水压力超过了土体自身的承载能力，从而发生了喷砂冒水现象。

考查要点：对土的喷出物进行取样，通过筛分试验对砂土液化的可能性进行简易判别；分析砂土液化的机理，为震后的加固处理提供依据。

对策例：对于表层土液化现象采取土体置换的方法，排除表面液化砂土，重新覆土夯实或者采用强夯法将土体压实；如发生大面积砂土液化可在液化区周围打排水砂桩。

图3.10 人行道周围的砂土液化

案例七：阪神大地震中某地路面发生砂土液化。其主要现象为喷砂冒水，并伴有不均匀沉降。图3.11为喷砂冒水后的遗留粉砂。其成因包括两种：一种是地下水位过高而造成土体的抗剪强度不足；另一种则是由大面积回填土压实不充分。

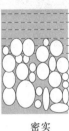

疏松　　　　　　悬浮　　　　　　密实

图3.11 路面下土体的砂土液化

考查要点：对周围路面的变形进行记录和分析；对土的喷出物进行取样，通过颗分试验等进行砂土液化简易判别。

对策例：在可液化的土层上填筑非液化土层并压实，从而降低其渗透性；对于表层土的液化现象，采用土体置换的方法，重新覆以粗砂土并夯实。

案例八：图3.12为某停车场在震后出现了大面积的喷砂冒水现象。其主要原因是由于周围土体的含水量过高，使土体的抗剪强度下降，形成砂土液化。当受地震力的作用后发生大面积喷砂冒水现象。

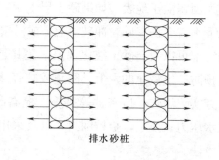

排水砂桩

图 3.12　停车场地基的砂土液化

考查要点：观测砂土液化的范围及周边地区的影响（沉陷、喷砂冒水等），并分析其产生的机理，为震后处理提供依据。

对策例：对于这种大面积砂土液化的现象，可采用在受灾地区设置大排水砂桩的措施，一方面利用砂桩的排水作用降低土体中的含水量；另一方面利用其挤密特点使周围土体压实。

案例九：如图 3.13 所示，路基内出现了严重的大面积喷砂冒水现象。其主要原因是饱和液化砂土受地震力的扰动后发生喷砂冒水现象。

考查要点：由于该地区的砂土液化造成了大面积的喷砂冒水，因此在现场考察时应注意观测液化范围，并且对周围未液化的土体进行取样，为后续处理提供依据。

对策例：若采用土体置换的方法费工费时，则可考虑采用排水砂桩的措施，并辅以强夯法对周围受灾土体进行加固。

图 3.13　道路基础的砂土液化

案例十：如图 3.14 所示，阪神大地震中岸边出现的大面积砂土液化现象，并伴有严重的滑移和开裂。其主要原因是由于底层地基发生砂土液化现象，使岸边沉箱倾斜最终导致地表的严重开裂和侧滑。

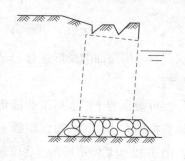

图 3.14　海岸附近的砂土液化

考查要点：测量液化的范围以及裂缝的宽度。

对策例：对岸边沉箱进行加固，如加固有困难，可在其临海面再布置新沉箱，从而使新沉箱担负起旧沉箱的功能。

案例十一：图 3.15 为阪神大地震中海港的大面积砂土液化现象，主要表现为大面积的喷砂冒水。这主要是由于海港的地基填土多为粉砂土，这些粉砂土多取自于海底疏浚来的淤泥或粉砂，极易产生砂土液化现象。

考查要点：由于出现了大面积的喷砂冒水，因此在现场考察时应注意观测液化范围，并且通过取样对砂土液化的深度进行判断，为后续处理提供依据。

对策例：采用排水砂桩对周围土体进行加固，一方面可降低土体内的含水量；另一方面可利用砂桩的挤密作用使土体密实。除此之外在局部地区还可辅以土体置换或采用强夯法来进行加固。

图 3.15 码头区域内的大范围砂土液化

3.2.3 滑坡

边坡岩（土）体在重力作用下，沿一定的软弱面或软弱体整体下滑的现象称为滑坡。滑坡产生的根本原因在于组成斜坡的土石体性质和结构，同时，外界条件因素如水、地震、人为因素等的作用也不能忽视，它们是滑坡产生的诱发因素，其作用可改变斜坡土石体的性质、强度、结构和状态，有时还可改变斜面坡形，引起斜坡破坏。滑坡的产生和发育即形成过程通常分为 3 个阶段：①蠕动变形阶段，斜坡在发生滑动之前通常是稳定的，在水的作用下，可以使斜坡土石体强度逐渐降低，滑坡出口附近渗水混浊；②滑动破坏阶段，滑坡在整体往下滑动的时候，边坡滑动过程中滑动面附近湿度增大，加之重复剪切的地震作用，土石体结构的整体性进一步降低，促使滑坡加速滑动，水在此过程中起了润滑剂的作用；③渐趋稳定阶段，滑坡停止后，形成特殊的滑坡地形，在岩性、构造和水文地质条件等方面都相继发生了变化，地层的整体性已被破坏，岩石变得松散破碎，透水性增强，含水量增高。

地震对土坡、山体的作用主要有两个方面：①地震的动荷载使得边坡原先的平衡状态破坏，超过其极限承载能力发生失稳现象；②地震引起地下水含量较高的土体发生砂土液化，从而造成坡体的失稳破坏。由于地震力的作用，在地震惯性力作用下，使边坡土体下滑力增加、抗滑力减小，从而导致边坡稳定系数发生变化，发生边坡失稳的现象。对于有地下水的土质坡来说，在地震作用下，一方面动孔压的累积会引起有效应力的减小，进一步使土体的抗剪强度降低，最终导致边坡发生较大的永久变形甚至整体滑动；另一方面，当动孔压积累到一定程度后，某些土将会发生液化。液化将引起倾斜地层的滑移，也会诱发泥石流，从而导致边坡流滑。

案例十二：图 3.16 为阪神大地震震中淡路岛地区房屋地基发生大面积滑坡，其主要现象为土体剥落，房屋基础外露。

考查要点：对地基的滑移量进行记录，并对周围土体进行取样，分析滑坡原因，并对滑坡进行动态观测（位移）和对周围土体的地下水进行观测。

对策例：①排水。利用边坡渗沟进行排水，其作用是排除滑坡前缘的边坡土壤中的水分，疏干边坡，同时对边坡的局部地段有支撑作用。②支护。根据滑坡形式，采用适宜的支挡方式，以抵抗土体的滑动破坏（挡土墙、土钉墙等）。

案例十三：阪神大地震震中地区发生山体滑坡，这主要是因为该地区土体的抗剪强度不足，在地震力这种强扰动下发生滑移。震后在滑移面上铺设防水薄膜，如图 3.17 所示。

图 3.16　房屋地基的大面积滑坡　　　　　图 3.17　山坡的大面积滑坡及防护

考查要点：利用仪器对破坏面的滑移量进行动态观测，以防止更大灾害的发生。

对策例：①排水，地下水是斜坡失稳的主要原因之一，由于斜坡土层（岩体）中埋藏有地下水，流入边坡变形区，产生了动水压力和静水压力，为减弱这种压力的作用，确保边坡稳定，可采用地下排水的方法，由于滑体内地下含水带厚薄、分布、补给条件和当地的地质条件的差异，故有截、排、疏和降低地下水位等办法。②支护，根据滑坡形式，采用适宜的支挡方式，以抵抗整个滑体的滑动破坏（挡土墙、土钉墙等）。

案例十四：图 3.18 为阪神大地震中房屋地基发生严重滑坡的现象。其主要表现为土体大面积滑

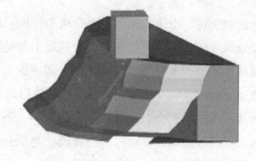

图 3.18　房屋地基滑坡

坡，房屋一角出现悬空。这主要是由于地震使斜坡岩体土体结构松动、造成破坏面和引起弱面错位等，降低斜坡的稳定性。地震的持续作用所造成的后果积累则可导致斜坡的失稳破坏。另外，突然施加的地震作用力还会对斜坡的破坏产生触发效应。

考查要点：①对地震范围内上部房屋结构的变形进行记录和分析；②对滑坡进行动态观测（位移）和地下水观测。据此对土体的工程性质做出判断，为今后房屋的修复或拆除提供依据。

对策例：①排水，地表排水和地下排水相结合的方式提高土体的抗剪能力；②减重，通过减重的方式，挖出一定量的滑体而减少滑体的下滑力，但其下滑趋势并不能改变；③支护，通过采用适宜的支挡方式，以抵抗土体的滑动破坏。

案例十五：图 3.19 为阪神大地震震中淡路岛地区道路发生滑坡，其主要现象为道路的路基边坡滑坡。

 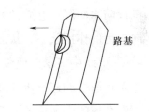

由于地震力作用使路基发生滑坡

图 3.19　公路路基的滑坡

由于该段路靠近海边，并且基础土体主要是粉砂土，土体液化从而丧失抗剪强度，使土坡失去稳定性，沿着液化层滑动，形成滑坡。

考查要点：①地震范围内的路基变形进行记录和分析；②对滑坡进行动态观测（位移）和地下水观测。

对策例：①排水，采用地表排水和地下排水相结合的方式提高路基土体的抗剪能力；②支护，据滑坡形式，采用适宜的支挡方式，以抵抗整个滑体的滑动破坏。

3.2.4　震后边坡土体破坏

许多国家在总结灾后的经验教训时，发现震后的防护是一个很重要的环节。震后很多的结构虽然表面上并没有发生严重的破坏，但已经达到了其承载能力的极限值，当有余震发生时其很可能发生二次灾害，威胁人民的生命和财产安全。因此及时有效的灾后防护不但可以减少财产损失，而且还能挽救许多无辜的生命。

土体在地震荷载下的破坏形式主要有以下 4 种：

（1）对公路路基造成滑坡沉陷等现象。

（2）对于海岸河岸边的土体破坏造成岸堤沉降、开裂、产生集中渗漏和管涌。

（3）大的断层错动、剪切破坏，在岸堤中产生集中渗漏和管涌。

图 3.20　公路基础的震后防护

（4）对含有饱和液化砂土的地区诱发喷砂冒水现象。

案例十六：阪神大地震导致的滑坡灾害等如图 3.20 所示。在受灾严重的地区，为防止次生灾害的发生，人们对已经产生部分裂缝的土体铺设防水薄膜并堆放沙包加载，提高土体强度，防止雨水引起的滑坡等灾害。

考查要点：对地震范围内的路基土体进行取样，通过取样对土体的工程性质做出分析判断，为今后的修缮和提高其持续使用性能提供参考依据。

对策例：①在路基上铺设防水膜；②采用堆载的形式加固路基。铺设防水薄膜可有效的减缓由于水的作用而造成的土体承载力下降的速度，而堆载则使土体处于多向应力的作用状态，从而提高其承载能力。

案例十七：图 3.21 中显示该地段发生了滑坡现象，因为震后通常会伴有降雨的出现。

对策例：为防止滑坡的进一步扩展，人们采取了一些临时措施，例如铺设防水薄膜可有效的减缓由于水的作用而造成的土体承载力下降的速度。

案例十八：如图 3.22 所示，该地段由于砂土液化从而产生了不均匀沉降造成海岸堤坝变形。灾后，为了防止二次灾害的发生，在变形区域铺设防水膜。

对策例：根据该地区的破坏机理，采用防水与加固相结合的措施对受灾土体进行处理。

图 3.21　滑坡土体的防护

图 3.22　海岸的变形

3.2.5　边坡落石

相较地震后的边坡土体沉降、开裂、滑坡等危害，边坡落石危害更为严重，不容忽视。2008 年汶川地震导致铁路沿线边坡碎裂岩体（或堆积体）沿着结构面或岩土层与基岩接触面滑动，导致大量岩块塌落。2012 年云贵地震，在云贵交界处发生崩塌 61 处，导致道路不断被堵，并造成边坡底部大量房屋被摧毁，如图 3.23 所示；2013 年雅安地震诱发了大量的崩塌滑坡，公路和铁路两侧边坡发生了大量的崩塌（落石）等地质灾害，如图 3.24 所示。

图 3.23　云贵地震不同大小落石损坏大量房屋和道路

图 3.24　雅安地震发生崩塌落石阻塞道路

由于崩塌落石灾害占我国地质灾害的比重较大，不仅影响了铁路和公路的正常运输，还给坡脚建（构）筑物带来了安全隐患，引起了广泛关注。关于地震后边坡落石等次生灾害对建（构）筑物的影响，北京科技大学等通过振动台试验研究，明确了地震作用下场地类型、地震动强度、落石大小和形状等对落石运动距离的影响规律。关于该边坡落石的振动台试验模型以及主要结论如图 3.25 和图 3.26 所示。

上述试验以落石的大小、形状、地震类型和边坡坡形为主要参数，采用均质简化模型作为边坡模型，并通过振动台试验得到了边坡落石的运动规律，主要结论表现为以下两点：①在近、远场地震作用下不同形状的落石运动距离从大到小依次为球形、圆柱体形、长方体形和方形，且在远场地震作用下不同形状的落石的距离要大于近场地震作用下的距离。②随着边坡坡角的增加，不同形状的落石运动距离表现出先增大后减小的趋势，在边坡角度达到 60°时，随着边坡角度的继续增加，不同形状落石的距离逐渐减小。随着边坡坡高的增加，不同形状的落石距离表现出增大趋势。

通过对边坡在不同地震波峰值加速度、频率和坡形等影响下，不同尺寸和形状落石发生崩塌破

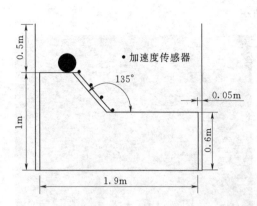

图 3.25 振动台试验边坡模型以及加速度测点布置

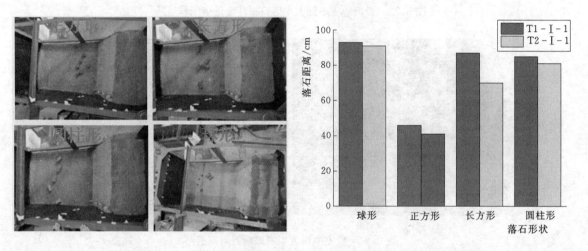

图 3.26 不同形状落石滚动的最大距离

坏时的运动距离的研究成果，能够为道路的安全运营以及对坡脚可能危及到的建（构）筑物提供参考，对边坡防护工作具有一定的借鉴作用。

3.2.6 地面的不均匀沉降

地面沉降是在自然和人为因素作用下，由于地表松散土体压缩而导致区域性地面标高降低的一种地质灾害现象，是一种不可补偿的永久性环境和资源损失，是地质环境系统破坏所导致的恶果，是城市化建设过程中出现的主要地质灾害之一。地面沉降具有成层缓慢、持续时间长、影响范围广、成因机制复杂和防治难度大等特点，是一种对资源利用、环境保护、经济发展、城市建设和人民生活构成严重威胁的地质灾害。

国内外地面沉降可归纳为 3 大类型：①内陆盆地型，如波兰的莱格纳卡盆地，我国内蒙古的呼和浩特和山西的大同；②冲积洪积平原型，如日本的佐贺，我国河南的郑州和安徽的阜阳；③沿海三角洲和滨海平原型，如意大利的波河三角洲，我国的上海和天津。这也是国内外发生地面沉降灾害的主要地区，也是最严重的地区。造成地面沉降的因素主要包括矿产资源开发、地壳活动、海平面上升、地表荷载及自然作用等。地下水位的变化是其中的主要因素，目前普遍采用有效应力原理进行解释：①当承压含水层地下水位下降，相邻各黏土层孔隙水向含水层释放，孔隙水压力降低，土层浮力效果减弱甚至消失，有效应力增大，黏土层被压缩；②水体流动、渗透力作用及重力场变化，使黏土层颗粒重新排列、结构变形或破坏，并发展侧向移动，造成土层压密；③抽水作用使砂砾石含水层颗粒排列紧密，间隙减小。上述三者共同作用，造成地面沉降。

为了将沉降所带来的影响降到最低，需要在地面沉降监测、统计分析、模型研究的基础上，建立地面沉降信息系统。它是由地下水和地面沉降基本数据系统、数据库管理系统、地面沉降预测预报系统、地面沉降图形信息制作及维护系统等四大部分组成。

案例十九：阪神大地震中街道路基发生不均匀沉降，造成路面的严重开裂。图 3.27 为震后的路面开裂的情况。其主要原因有两点：①强震在短时期内可引起区域性地面垂直变形，经历时间短；②强震导致的软土震陷、砂土液化也可造成局部地面下沉。

图 3.27　公路路面的开裂

考查要点：记录发生不均匀沉降的位置，量测其高差，拍摄沉降状况的照片，为进一步的详细判别提供依据；对路面结构的变形进行记录和分析。

对策例：对破损路面进行清理，利用强夯法或土体置换的方法对破坏地基土进行处理。

案例二十：阪神大地震中神户港岛的人工岛发生砂土液化。其主要现象为喷砂冒水。图 3.28 为喷砂冒水后的遗留粉砂。该桥墩地基发生不均匀沉降，出现错台现象，多伴随墩柱转角变位。

考查要点：对其上部结构及周围地基的变形进行记录和分析。

对策例：该区域发生了大面积砂土液化，为了应对该种受灾情况，可采用打挤密砂桩的办法，一方面，利用砂桩挤入的作用使周围软化土体产生横向挤压作用，提高土体的强度；另一方面，利用砂桩的排水作用，大大缩短了孔隙水的平均渗透路径，加快地基的固结沉降速率，加速软土的固结。

案例二十一：图 3.29 为阪神大地震中某街道的不均匀沉降现象。其主要现象为地表开裂与下沉。由于饱和砂土液化而导致地表的沉陷，这是造成该地不均匀沉降的主要原因之一。

图 3.28　桥墩地基的不均匀沉降

图 3.29　路基的不均匀沉降

考查要点：对周边建筑物地基的变形进行记录和分析。

对策例：对于因砂土液化而造成的小范围的沉降现象，可采用土体置换的方法，去除表面液化砂土，并覆以新土压实；或利用强夯法，利用重锤的冲击为将土体压实。

3.3　地表灾害的防治对策

3.3.1　断层破坏的防治对策

由于活动断层对建筑物的安全性危害很大，并且防治措施投入成本较大，因此在抗震规范中明确指出，一般在活断层附近区域，不宜用作建筑场地，应当避开断层等不利场地。但当建设场地内存在断层且无法避免时，应符合《建筑抗震设计规范》（GB 50011—2010）中 4.1.7 节的规定：场地内存在发震断裂时，应对断裂的工程影响进行评价，并应符合下列要求（对符合下列规定之一的情况，可忽略发震断裂错动对地面建筑的影响）：

（1）抗震设防烈度小于 8 度。

（2）非全新世活动断裂。

（3）抗震设防烈度为 8 度和 9 度时，隐伏断裂的土层覆盖厚度分别大于 60m 和 90m。

对不符合上述规定的情况，应避开主断裂带。其避让距离不宜小于表 3.1 对发震断裂最小避让距离的规定。在避让距离的范围内不得建造甲、乙、丙类建筑。

表 3.1　　　　　　　　　　　　　发震断裂的最小避让距离

建造烈度	建筑抗震设防类别			
	甲	乙/m	丙/m	丁
8	专门研究	200	100	—
9	专门研究	40	200	—

对于存在断层的建设场地，其建筑选址的一般原则归纳如下：①低级别活断层地带优于高级别

活断层地带，活动时期老的活断层地带优于新的地带；②避开主干断层带，避开有强烈变形的地带，分支断层发育地带（逆断和正断的下盘有利抗震）。当不能避让活断层时，必须在场地选择、建筑物类型选择、结构设计等方面采取措施，以保证建筑物的安全。例如，管线大规模穿越断层时，可考虑柔性连接以及替代路径等。

3.3.2 滑坡的防治对策

根据《滑坡防治工程设计与施工技术规范》（DZ/T 0219—2006）中6～11节的规定，其主要防治措施包括：①地表以及地下排水；②设立抗滑桩；③设置预应力锚索；④设置格构锚固；⑤建立重力挡墙；⑥其他防治工程（注浆加固、刷方减载、前缘回填压脚，以及植物防护等）。

其中，对于几种重要的防治措施包括：

（1）消除和减轻地表水和地下水：滑坡灾害的发生，常与土壤中水的作用有密切的关系，水的作用往往是引起滑坡的主要因素。排除地下水的措施很多，应根据边坡的地质结构特征和水文地质条件加以选择。常用的方法有：①水平钻孔疏干；②垂直孔排水；③竖井抽水；④隧洞疏干；⑤支撑盲沟；⑥深部排水隧洞。

（2）改善边坡岩土体的力学强度：通过一定的工程技术措施，改善边坡岩土体的力学强度，提高其抗滑力，减小滑动力。常用的措施有：①修筑挡土墙、护墙等；②钢筋混凝土抗滑桩或钢筋桩作为阻滑支撑工程；③预应力锚杆或锚索，适用于加固有裂隙或软弱结构面的岩质边坡；④固结灌浆或电化学加固法加强边坡岩体或土体的强度。

3.3.3 地基砂土液化的防治对策

根据《建筑抗震设计规范》（GB 50011—2010）中4.3.2节的规定：地面下20m深度范围内存在饱和砂土和饱和粉土时，除6度设防外，应进行液化判别；存在液化土层的地基，应根据建筑的抗震设防类别、地基的液化等级，结合具体情况采取相应的措施。

对于地下建筑，根据《建筑抗震设计规范》（GB 50011—2010）中14.3.5节规定，当地下建筑结构周围地基存在液化土层时，应采取下列措施：①对地基采取注浆加固和换土等措施消除或减小地下结构上浮的可能性，当未采取消除液化措施时，应考虑增设抗拔桩使其保持抗浮稳定；②位于液化地基中的地下建筑结构的桩基，应同时满足抗拔桩的设计要求；③地下建筑结构与薄层液化土层相交时，可不做地基抗液化处理，但应通过计算适当加强结构，并在结构承载力及其抗浮稳定性的验算中考虑土层液化的影响；④施工中采用深度大于20m的地下连续墙作为围护结构的地下建筑结构遇到液化土层时，可不做地基抗液化处理，但其承载力及抗浮稳定性的验算应考虑外围土层液化的影响。

对于基础与上部结构：根据《建筑抗震设计规范》（GB 50011—2010）中4.3.9节规定：为了减轻液化影响的基础和上部结构处理，可综合采用下列各项措施：①选择合适的基础埋置深度；②调整基础底面积，减少基础偏心；③加强基础的整体性和刚度，如采用箱基、筏基或钢筋混凝土交叉条形基础，加设基础圈梁等；④减轻荷载，增强上部结构的整体刚度和均匀对称性，合理设置沉降缝，避免采用对不均匀沉降敏感的结构形式等；⑤管道穿过建筑处应预留足够尺寸或采用柔性接头等。

3.3.4　不均匀沉降的防治对策

关于不均匀沉降的防治措施，对于地下建筑，根据《建筑抗震设计规范》（GB 50011—2010）中14.3.6 节的规定：地下建筑结构穿过地震作用下岸坡可能滑动的古河道，或可能发生明显不均匀沉陷的地基时，应采取下列抗震构造措施：①在结构的适当部位设置柔性诱导缝，同时验算其可能发生的相对变形，避免地震时断裂或脱开；②加固处理地基，更换部分软弱土或设置桩基础深入稳定土层，防止土体滑动和减小不均匀沉陷。

对于生土房屋，根据《建筑抗震设计规范》（GB 50011—2010）中11.2.5 节规定：为了避免地基不均匀沉降引起将墙体开裂，各类生土房屋的地基应夯实，并采用毛石、片石、凿开的卵石或普通砖基础，基础墙应采用混合砂浆或水泥砂浆砌筑，外墙宜做墙裙防潮处理（墙脚宜设防潮层）。

本 章 参 考 文 献

[1] Steven L，Kramer，Robert A，Mitchell. Ground Motion Intensity Measures for Liquefaction Hazard Evaluation [J]. Earthquake Spectra，2006，22（2）：413-438.

[2] 陈国兴，金丹丹，常向东，等. 最近 20 年地震中场地液化现象的回顾与土体液化可能性的评价准则 [J]. 岩土力学，2013（10）：2737-2755.

[3] Elgamal A K A. Mitigation of liquefaction and associated ground deformations by stone columns [J]. Engineering Geology，2004，72（3）：275-291.

[4] 张春梅，冯玉芹，王英浩. 砂土地震液化危害及地基处理研究 [J]. 世界地震工程，2007（3）：133-137.

[5] 王锦国，周云，黄勇. 三峡库区猴子石滑坡地下水动力场分析 [J]. 岩石力学与工程学报，2006（S1）：2757-2762.

[6] Davis G，Horswill P. Groundwater control and stability in an excavation in Magnesian Limestone near Sunderland，NE England [J]. Engineering Geology，2002，66（66）：1-18.

[7] 祝启坤，覃雯，盛建豪. 非预应力格构锚固机制与优化设计研究 [J]. 岩土力学，2010（7）：2173-2178.

[8] 赵亮，闫澍旺. 吹填土地基道路施工后不均匀沉降分析及加固措施研究 [J]. 土木工程学报，2012（2）：176-183.

[9] Coe J. Regional moisture balance control of landslide motion：Implications for landslide forecasting in a changing climate [J]. Geology，2012，40（4）：323-326.

[10] 黄帅，宋波，蔡德钩，等. 近远场地震下高陡边坡的动力响应及永久位移分析 [J]. 岩土工程学报，2013，35（S2）：768-773.

[11] 宋波，李吉人，郝晓敏，等. 边坡崩塌落石运动距离振动台试验研究 [J]. 建筑结构学报，2016，37（S1）：366-372.

[12] 宋波，郝晓敏，黄帅，等. 不同影响因子对落石运动距离影响的试验研究 [J]. 四川大学学报：工程科学版，2016，48（6）：1-7.

[13] 宋波，黄帅，蔡德钩，等. 地震和地下水耦合作用下砂土边坡稳定性研究 [J]. 岩土工程学报，2013，35（S2）：862-868.

第4章　城市防灾规划与避难场所建设

城市规划是以发展眼光、科学论证、专家决策为前提，对城市经济结构、空间结构、社会结构发展进行规划，对指导和规范城市建设有重要作用。

城市规划分为总体规划和详细规划，总体规划又分为专业规划和区域规划，详细规划又分控制性详细规划和修建性详细规划。城市的防灾减灾规划，是专业规划的一部分，是城市规划中涉及防灾减灾的关联内容，它渗透到城市规划的方方面面，涉及总体规划和专业规划的每一个环节，各部分的关联如图4.1所示。

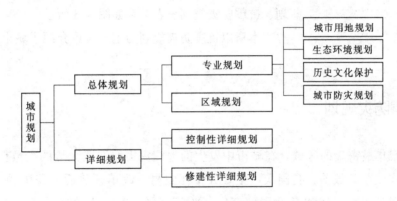

图 4.1　城市规划主要内容示意图

城市防灾减灾规划主要包括城市消防规划、城市防洪防潮汛规划、城市抗震防灾规划、城市人防规划等，城市防灾规划下的各种专业规划关系如图4.2所示。

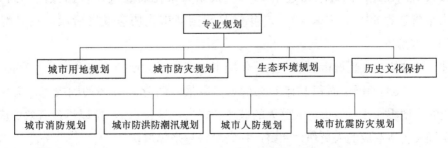

图 4.2　城市防灾规划下的各种专业规划关系图

一般来说，城市防灾与减灾工作从对灾害应对的阶段可划分为灾前、灾时、灾后3个阶段，灾前主要目标和手段是通过抗震防灾规划和工程抗震设防使城市达到抵御地震灾害的抗震能力，是抵御地震灾害影响的重要途径；灾时和灾后阶段，通过抗震防灾规划所制定的防灾空间布局、防灾避难规划等重要部分的实施，通过临震预警、紧急处置、应急响应和抢险救灾以充分发挥城市的抗震能力，使灾害损失降至最小。灾后的恢复重建又以防灾避难规划所规划的避难疏散场所为依托开展。城市抗震防灾规划是在工程抗震设防的基础上，通过城市布局优化和建设用地选择、工程设施及其

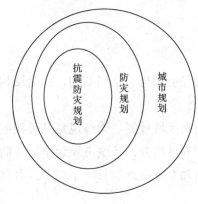

图 4.3　城市规划、防灾规划、
抗震防灾规划三者关系

系统的抗震要求和措施、防灾减灾基础设施建设等手段，对保障城市系统的综合抗震能力做出规划。

城市防灾避难规划作为城市抗震防灾规划的重要组成部分，是城市抗震防灾的核心内容，与防灾空间布局、用地抗震防灾、基础设施抗震、建筑抗震防灾等共同构成了城市抗震防灾规划体系。防灾避难规划具有支撑作用，是在抗震规划的统一指导下，通过避难疏散场所的综合布局与选择，疏散线路的合理安排，受灾群众的妥善安置与保障，对减少灾后人员伤亡，维护社会秩序稳定，灾后重建等工作的顺利进行提供支撑。城市规划、防灾规划、抗震防灾规划三者关系如图 4.3 所示。

本章以抗震防灾规划为主，着重介绍了城市抗震防灾规划和避难场所建设。

4.1　城市抗震防灾规划

城市是人口聚集最密集的区域，在城市中发生的地震灾害会造成大量的人员伤亡和经济损失。我国人口众多，在改革开放前，我国人口主要分布在农村。改革开放后，我国的城市化水平高速发展，城镇人口迅速提高。1978 年我国城市化水平 17.9%，2000 年 36.2%，2008 年 45.7%，到 2013 年突破了 50%，中国的城市化进程发展飞速。截至 2013 年年末，全国设市城市 658 个，其中直辖市 4 个，副省级市 15 个，地级市 271 个，县级市 368 个，县城 1600 余个，建制镇 20000 余个。我国城市对国民经济的贡献超过了 70%。根据城市化发展规律，据预测，到 2020 年，我国的城市化水平将达到 60%，未来 10—20 年将是我国城市化快速发展阶段，也必将是我国城市安全与防灾的关键阶段。

城市化进程的加快，大型城市群的产生，使城市中聚集了大量的人口和财产，京津冀、长三角、珠三角三大城市群，3% 的国土面积上有 14% 的人口数量，创造了 42% 的国内生产总值。而发生在城市及其周边的大地震往往对城市造成巨大的破坏和损失，见表 4.1，所以迅速有效的应对城市地震灾害，减少减轻灾害所造成的人员伤亡和财产损失变得越来越迫切。

现阶段针对地震灾害的防灾减灾手段主要有两大层面：一是地震预测预警，二是抗震防灾的处置。由于地震成因复杂，发生时间短，目前的科技水平还不能够做到有效的地震前期预测预警工作，抗震防灾对策成为提高城市综合防灾减灾能力的有效途径。抗震防灾对策根本上说有两条措施：一

是编制、实施城市抗震防灾规划，系统有效地提升城市在出现灾害时防灾能力和应急救灾的能力，实现城市防灾资源的合理优化布局，人力资源的有效利用，提高城市整体的应对能力；二是提高单体工程的抗灾能力，加强诸如抗震设计、结构优化等抗震工程措施。

表 4.1　　　　　　　　　　　　　　　20 世纪典型城市地震

时间/(年-月-日)	地震名称	震级	死亡/人	损失	其他
1966 - 3 - 22	中国邢台地震	7.2	8186	19.3 亿元	波及范围：北到内蒙古自治区多伦，东到烟台，南到南京，西到铜川，地震发生后，漫天飘雪
1957 - 2 - 4	中国海城地震	7.3	2041	17.5 亿元	重伤 4292 人，轻伤 12688 人
1976 - 7 - 28	中国唐山地震	7.8	24.2 万	超 200 亿元	重伤 16.4 万人
1996 - 2 - 3	中国丽江地震	7.0	309	30.5 亿元	重伤 3925 人
1923 - 9 - 1	日本关东地震	8.2	9.9 万	300 亿美元	摧毁包括东京和横滨在内的关东地区，造成严重火灾
1906 - 4 - 18	美国旧金山地震	8.3	6 万	超 5 亿美元	引发严重次生火灾和混乱
1985 - 9 - 19	墨西哥地震	8.1	1 万	70 亿~80 亿美元	对墨西哥城
1994 - 1 - 17	美国洛杉矶北岭地震	6.8	55	超 200 亿美元	受伤超过 7000 人
1995 - 1 - 17	日本阪神地震	7.2	5466	超 960 亿美元	受伤 43726 人
1999 - 8 - 17	土耳其地震	7.8	1.6 万	超 200 亿美元	伊兹米特市
1999 - 9 - 21	中国台湾地震	7.6	2329	92 亿美元	受伤 8722 人

　　抗震防灾规划的编制应服从于总体规划的要求，其编制期限应与总体规划相一致。在抗震防灾规划编制时，一方面要坚持总体规划对防灾规划的指导作用；另一方面又要在那些对城市规划发展具有强制作用的对策措施方面提出有效的、与城市总体规划相互协调的防灾规划内容和编制要求。

　　总的来说，城市抗震规划编制主要包括以下几方面：①抗震设防水准和防御目标；②城市总体布局的抗震；③工程抗震土地利用评价；④城区建筑的抗震防灾要求；⑤基础设施规划布局要求；⑥次生灾害防御要求；⑦避震疏散场所建设要求；⑧城市规划信息管理系统要求。《城市抗震防灾规划标准》（GB 50413—2007）内容概要如图 4.4 所示。

　　关于抗震设防水准和防御目标，《城市抗震防灾规划标准》规定，当遭受相当于本地区地震基本烈度的地震影响时，城市生命线系统和重要设施基本正常，一般建设工程可能发生破坏但基本不影响城市整体功能，重要工矿企业能很快恢复生产或运营。

　　在城市总体布局的抗震要求方面，城市抗震防灾规划的范围和适用期限应与城市总体规划保持一致。城市抗震防灾规划的有关专题抗震防灾研究宜根据需要提前安排。抗震防灾规划应纳入城市总体规划体系同步实施。

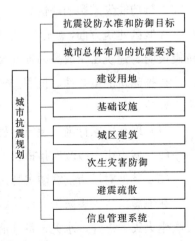

图 4.4　城市抗震规划主要构成

在城市用地要求方面，《城市抗震防灾规划标准》规定，要开展对场地液化、地表断错、地质滑坡、震陷及不利地形等影响的估计，划定潜在危险地段。

《城市抗震防灾规划标准》对建设用地适宜性评价进行了相应的规定，见表 4.2。

表 4.2　　　　　　　　　　　　　　建设用地适宜性评价表

类别	适宜性地质、地形、地貌描述
适宜	不存在或存在轻微影响的场地地震破坏因素，一般无需采取整治措施： (1) 场地稳定； (2) 无或轻微地震破坏效应； (3) 用地抗震防灾类型Ⅰ类或Ⅱ类； (4) 无或轻微不利地形影响
较适宜	存在一定程度的场地地震破坏因素，可采取一般整治措施满足城市建设要求： (1) 场地存在不稳定因素； (2) 用地抗震防灾类型Ⅲ类或Ⅳ类； (3) 软弱土或液化土发育，可能发生中等及以上液化或震陷，可采取抗震措施消除； (4) 地质环境条件复杂，存在一定程度的地质灾害危险性
有条件适宜	存在难以整治场地地震破坏因素的潜在危险区域或其他限制使用条件的用地，由于经济条件限制等各种原因尚未查明或难以查明： (1) 存在尚未明确的潜在地震破坏威胁的危险地段； (2) 地震次生灾害源可能有严重威胁； (3) 存在其他方面对城市用地的限制使用条件
不适宜	存在场地地震破坏因素，但通常难以整治： (1) 可能发生滑坡、崩塌、地陷、地裂、泥石流等的用地； (2) 地震断裂带上可能发生地表错位的部位； (3) 其他难以整治和防御的灾害危害影响区

在基础设施方面，《城市抗震防灾规划标准》规定，对供电系统、供水系统、供气系统中重要建筑及桥梁、隧道进行抗震性能评价，对抗震救灾起重要作用的指挥、通信、医疗、消防和物资供应与保障等系统中的重要建筑也应进行抗震性能评价；必要时，对甲、乙类模式可通过专题抗震防灾研究进行功能失效影响评价。

在城区建筑方面，《城市抗震防灾规划标准》规定，对重要建筑和超限建筑抗震防灾、新建工程抗震设防、建筑密集或高易损性城区抗震改造及其他相关问题提出抗震防灾要求和措施。

根据建筑的重要性、抗震防灾要求及其在抗震防灾中的作用，在抗震防灾规划时，应考虑的城市重要建筑包括：

(1) 现行国家标准《建筑工程抗震设防分类标准》（GB 50223—2008）中的甲、乙类建筑。

(2) 城市市一级政府指挥机关、抗震救灾指挥部门所在办公楼。

(3) 其他对城市抗震防灾特别重要的建筑。

在地震次生灾害防御方面，《城市抗震防灾规划标准》规定，进行城市抗震防灾规划时，应对地震次生火灾、爆炸、水灾、毒气泄漏扩散、放射性污染、海啸、泥石流、滑坡等制定防御对策和措施，必要时宜进行专题抗震防灾研究。

在进行编制抗震防灾规划时，应按照次生灾害危险源的种类和分布，根据地震次生灾害的潜在影响，分类分级提出需要保障抗震安全的重要区域和次生灾害源点。

对地震次生灾害的抗震性能评价应满足下列要求：

（1）对次生火灾应划定高危险区；甲类模式城市可通过专题抗震防灾研究进行火灾蔓延定量分析，给出影响范围。

（2）应提出城市中需要加强抗震安全的重要水利设施或海岸设施。

（3）对于爆炸、毒气扩散、放射性污染、海啸、泥石流、滑坡等次生灾害可根据城市的实际情况选择提出城市中需要加强抗震安全的重要源点。

《城市抗震防灾规划标准》也对避震疏散进行了相应的规定，城市防震避难规划是城市抗震防灾规划的重要组成部分，是在城市抗震防灾规划统筹指导下对城市发生地震灾害前、中、后的不同时期，建立健全城市防灾减灾体系而进行的避震疏散场所布局与设定。城市防震避难规划的编制实施，使城市发生预估等级以上的地震灾害时，可沿安全规划疏散线路对受灾人员进行疏散和安置。城市防震避难规划的实施可以有效避免和减轻城市因灾出现的一系列问题，减少人员因灾伤亡，维护社会秩序的稳定和抗震救灾工作的顺利开展。同时，对城市灾后重建工作的开展提供了缓冲和支撑。

（1）避震疏散规划时，应对需避震疏散人口数量及其在市区分布情况进行估计，合理安排避震疏散场所与避震疏散道路，提出规划要求和安全措施。

（2）需避震疏散人口数量及其在市区分布情况，可根据城市的人口分布、城市可能的地震灾害和震害经验进行估计。在对需避震疏散人口数量及其分布进行估计时，宜考虑市民的昼夜活动规律和人口构成的影响。

（3）城市避震疏散场所应按照紧急避震疏散场所和固定避震疏散场所分别进行安排。甲、乙类模式城市应根据需要，安排中心避震疏散场所。

（4）紧急避震疏散场所和固定避震疏散场所的需求面积，可按照抗震设防烈度地震影响下的需安置避震疏散人口数量和分布进行估计。

（5）制定避震疏散规划应和城市其他防灾要求相结合。

《城市抗震防灾规划标准》还对信息管理系统提出了相应的要求，信息管理系统可由基础数据层、专题数据层、规划层、文件管理层组成。其中基础数据层包括地理信息数据及与系统有关的共用基础数据库；专题数据层包括编制本规划用到的各专题数据库；规划层包括规划图件、文本说明等；文件管理层包括文件查询、输入、输出、帮助等。

抗震防灾规划信息管理系统应具备便于使用的技术说明和维护管理文件，有条件时对数据信息申报和更新制度作出具体规定。

4.2　避难场所建设

20世纪50年代以来，我国发生7.0级以上地震20余次，其中山地地震14次，如汶川地震、玉树地震等。其中，汶川地震紧急避难疏散 1500 余万人，玉树地震避难疏散 10 余万人。2012 年 9 月 7 日云南彝良 5.7 级地震具有山地地震的显著特点，20 余万人紧急避难。为了妥善安置无家可归的灾民，创造基本的生活条件，提供必备的医疗保障，确保安全避难疏散，保护灾民的人身安全，研究地震灾害避难疏散的安全对策有重要理论价值与实用意义。

2013 年 4 月 20 日 8 时 02 分，四川芦山发生 7.0 级强烈地震，灾区人民群众生命财产遭受严重损失。党中央、国务院高度重视芦山地震灾后恢复重建工作，并明确提出科学评估、科学规划、科学重建的要求。随后国务院颁布了《芦山地震灾后恢复重建总体规划》，该规划提出，加强城乡避难场所等基层防灾减灾基础设施建设、社会服务平台和应急基地及应急装备建设，统筹建设救灾物资储备库，加强物资储备，建立疏散救援通道、应急水源、备用电源和应急移动通信系统，提高应急处置、受灾群众救助及生活保障水平。提高灾后恢复重建设施的防灾减灾能力。普及防灾减灾知识，加强防灾应急演练，提高全民防灾减灾意识。

面对严峻的地震形势，英国、美国、日本积累了丰富的应灾经验，形成了较为完善的防灾避难体系，防灾避难场所的规划建设也同样走在了世界前列，有着显著的特色，值得我国借鉴。

英国是欧洲诸国中对防灾避难场所的理解与实践和我国较为接近的国家，有着以下特色：英国强调在应急准备阶段，建立和避难场所候选点（酒店等）管理者或权属者之间的联系，同应急物资供应商签订合同。这不同于我国及日本在平时就把避难场所做实，而是把工作重点放在了应急反应阶段。灾害发生后依托高效的应急管理体系，在建立起的联系网上灵活的安排避难场所。紧接着利用行政命令迅速完成这些场所避难功能的转换。这种做法面对中小型的避难规模非常行之有效且节约成本，但需要强大的应变能力支撑，所以英国也十分重视相关工作人员的培训工作，英国避难场所如图 4.5 所示。

图 4.5　英国避难场所

在美国，防灾避难场所发展较为成熟的地区基本把避难场所分成了三级：大众避难场所、特需避难场所及其他特殊避难场所等。其中特需避难场所强调医疗服务，为那些不能和普通民众安置在一起的需要药物、医疗服务或心理治疗的人群专门设置。这些人群平时待在家中，由家庭医生等提供专业的护理或病情监控或特殊药品器械，灾难发生后需要一个特别的场所继续进行这些医疗活动。鉴于其医疗需求的特殊性，普通的红十字会工作者难以满足其需求，一般会有地方应急管理部门和卫生部门介入开展运营管理。平时这类人群需要在有关部门登记，以便避难期间卫生部门投放对应的药品和器械以及选派专业人员。

美国的避难场所根据其权属可以分为公共避难场所（图 4.6）和家庭避难场所（图 4.7）两类。公共避难场所就是前文所述的大众避难所、特需避难所等居民疏散后集体安置的场所，在英文中通常称作避难所（shelter）。家庭避难所一般是将房屋的某个房间，如厨房卫生间、地下室等强化改造成避难空间或者是在房屋附近新建地上或地下的避难空间，一般称作安全室（safe room）。这两类避难场所基本是以室内为主，也就是我国常说的建筑型避难场所。避难建筑在改造和新建过程中需要遵循联邦应急管理署（FEMA）颁布的各项规范，如 FEMA P-320、FEMA P-361 等，以保障建筑在极端灾害中不被破坏。为了推进室内防灾避难场所的建设，美国对此提供了大量的资金支持，比如德克萨斯州的一些体育馆建设，因融入了避难场所功能，而得到了 FEMA 近 60% 建设资金的支持。佛罗里达州的一些学校因用作防灾避难场所也得到了公共教育基础投资基金（PECO）的支持。俄克拉玛州的一些家庭因安全室的建设也享受了减税待遇。这些措施有力地推动了室内防灾避难场所的发展，为提高避难生活质量、满足特殊及特需要求打下了坚实的基础。

图 4.6　美国公共避难场所　　　　　　图 4.7　美国家庭避难场所

和欧美不同的是，日本的防灾避难场所规划建设整体上更注重物质空间上的安排，在选址、避难路径和建筑利用等安排上作了深入研究。在运营管理上，由市、盯、村专职人员配合居民自主防灾组织展开，并在近年来更加关注弱势群体。

日本的防灾避难场所中有一类比较特殊的场所称为"福祉避难所"（图 4.8）。它在灾难发生后，并不直接对公众开放，而是为生活有困难的老人、残障人士等弱势群体提供避难服务，只有在普通避难所需求不足时才会接纳部分普通人员。福祉避难场所与美国的特需避难场所有着明显的区别。美国的特需避难场所更注重于提供特需医疗服务，把对弱势群体的关怀转嫁到了每一个避难场所，通过避难设施无障碍设计、红十字会专业人员提供弱势人群生活协助等措施保证弱势人群的生活便捷。但日本则不能这样做，一方面是因为日本的人口密度较大，指定的避难场所较多，每一个避难

图 4.8　日本福祉避难所

场所都进行针对生活不便人群的专门建设或改造成本太高。另一方面日本的避难场所是由居民自发形成的运营组织管理，在弱势群体的照顾上还缺乏经验，因此把这类特殊人群集中安置到福祉避难场所中是集约利用避难资源的一种有效手段。截至 2014 年，日本共指定防灾避难场所 48014 个，其中福祉避难所 7647 个，大约占到 15%。

日本室内防灾避难场所的发展较为成熟，是承担避难生活的主体。室外防灾避难场所一般作为临时停留、观察火情的场地，并不作为长时间避难收容的场地，在灾后对住宅的损害程度判断完成后，室外避难所集结的人员会分流至室内避难场所或直接回家。因为室内防灾避难场所是向居民提供中长期的避难服务，所以日本十分注重避难人员的生活质量，通常选择学校、公民馆等建筑作为避难所，可以满足任何时期的避难需求。建筑型避难场所具有舒适性、安全性还可以兼顾多灾种的避难。在阪神地震后，日本就要求以极高的标准去建设学校，校园建筑一度是日本最牢固的建筑，也成了地震后灾民首选的避难场所，如图 4.9 所示为具有避难功能的学校。

图 4.9　日本避难学校

避难场所也可以由城市居民住宅附近的小公园、小花园、小广场、专业绿地以及抗灾能力强的公共设施充当，另外还包括高层建筑物中的避灾层（间）等，其主要功能是供附近的居民临时避灾疏散。避难场所设置的目的是引导人们在震情紧张时撤离地震危险度高的住所和活动场所，集结在预定的比较安全的场所。

避难场所是城市防灾体系的重要组成部分，直接服务于周边居民，灾时可以做到短时间内的紧急疏散、有序避难。社区避难场所除了要承担避灾功能外，还兼有应急疏散、医疗救护、物资集散、救援、灾后重建等多种功能。其设定在坚持"平灾结合"等原则的基础上，有效地结合城市发展现状，结合城市总体规划，结合城市绿地系统规划等专项规划，按照城市抗震防灾规划的要求进行规划布局与安排，加强城市避震疏散的安全性，提高城市避震疏散的条件。

科学合理的城市避震疏散场所设定是灾时减少人员伤亡、维护社会秩序的有效手段。城市避震疏散场所设定的核心价值就是保障人员的安全，减少人员伤亡的同时提供抢险救灾与恢复重建的基地场所，因此对城市避震疏散场所的设定提出了两个方面的要求：一是避难疏散场所的安全要求；二是避难疏散场所规划建设指标的要求。

城市防灾避难规划的分类是在符合抗震防灾规划的分类分级基础上进行，其主体部分包括避难疏散场所分类和避震疏散道路分级。对于疏散场所而言，现在的通行做法是把避难疏散场所分为三级：紧急避难疏散场所、固定避难疏散场所和中心避难疏散场所。此分类是依据国内抗震防灾规划经验，并结合国外的常规做法考察做出的。

我国城市居民的居住实际情况与国外的居住区有较大区别。国内城市的居住区或居住小区，特别是大、中型城市的居住区或居住小区基本为封闭式，而国外基本为开放社区模式。根据我国《城市居住区规划设计规范》（GB 50180—93）住区居住人口高达 3 万～5 万人，居住小区人口达 1 万～1.5 万人，是应急疏散的重要单元，居住区分级控制见表 4.3。

表 4.3　　　　　　　　　　　　　　　　居住区分级控制规模

类　别	居民区	小　区	组　团
户数/户	10000～16000	3000～5000	300～1000
人口/人	30000～50000	10000～15000	1000～3000

避难场所的规划建设要满足对地质环境、自然环境、人工环境、抗震、防火的安全等，避难基本设施的设置要符合各规范的安全要求，国内的现行规范：《城市抗震防灾规划标准》（GB 50413—2007）、《地震应急避难场所场址及配套设施》（GB 21734—2008）、《防灾避难场所设计规范》（GB 51143—2015）、《城市社区应急避难场所建设标准》（建标 180—2017）等对避难场所的建设做出了相关规定。避难场所作为灾后人员的避难安全场地，在选取可以评价社区避难场所效能的指标时要考虑多方面因素，包括：①避难场地自身的安全；②避难场地有效面积；③避难场所可通达性；④防灾标识设置的合理性；⑤应急设备的完备程度。为评价既有城市社区避难所的服务能力，相应的指标体系结构概要如图 4.10 所示。

《防灾避难场所设计规范》在避难场所安全性方面进行了相应的规定：

指标 1：距危险源距离。避难用地应避开易燃易爆危险物品存放点、严重污染源以及其他易发生次生灾害的区域，距易燃易爆工厂仓库、供气厂、储气站等重大次生火灾或爆炸危险源距离不应小于 1000m，以保证避难场地安全，评价时应取距离危险源的最小距离。

指标 2：隔离带设置情况。避难区块之间应设隔离安全带，配设防火设施、防火器材、消防通道、安全通道，应急功能区与周

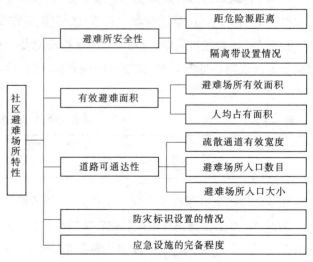

图 4.10　指标体系结构图

围易燃建筑等一般次生火灾源之间应设置不少于 30m 的防火安全带，有火灾或爆炸危险源时，应设防火隔离带，数值选取距离火灾源的最小防火安全带宽度。

人均有效避难面积方面，《防灾避难场所设计规范》规定：

指标 3：避难场所有效面积。为保证避难场所满足灾民一定的活动空间以及灾后的救援场地，选取避难场所有效面积及人均有效避难面积作为评价指标，社区级避难场所有效面积宜大于 2000m²。

指标 4：避难场所人均占有面积。固定避震疏散场所人均有效避难面积不小于 2m²，紧急避震疏散场所人均有效避难面积不小于 1m²，超高层建筑中避难层（间）的人均有效避难面积不小于 0.2m²。人均有效避难面积由避难人数和避难场所有效面积确定。社区避难场所避难容量为 0.04 万～6.40 万人，服务半径宜为 2～3km，步行大约 1h 之内可以到达，具体避难容量由避难所服务范围内居住人数确定，社区避难所实际服务半径可由下式计算得出：

$$避难场所服务半径\ R = tv\beta \qquad (4.1)$$

$$避难场所服务面积\ S = \pi R^2 \qquad (4.2)$$

$$避难场所的规模\ S = D\frac{S_1}{S_2} \qquad (4.3)$$

式中：t 为避难中的步行时间；v 为人避难中的步行速度（取值 0.85～1.2m/s）；β 为疏散道路的弯曲系数（取值 0.65）；D 为避难人口平均密度；S_1 为避难场所的服务面积；S_2 为人均避难面积。

道路可通达性要求方面，《防灾避难场所设计规范》规定：

指标 5：避难场所入口数目。应急避难场所应有方向不同的两条以上与外界相通的疏散道路及出入口。

指标 6：疏散通道有效宽度。紧急避震疏散场所内外的避震疏散通道有效宽度不宜低于 4m，固定避震疏散场所内外的避震疏散主通道有效宽度不宜低于 7m。

指标 7：避难场所入口大小。《防灾避难场所设计规范》中给出避难场地出入口总宽度、场所内道路宽度的规定，见表 4.4，按照不同种类避难所对入口大小的要求，社区固有避难所入口应不小于 10m/万人。

表 4.4 　　　　　　　　　　　　　　避难场地出入口总宽度下限　　　　　　　　　　　单位：m/万人

避难期	紧急	临时	短期	中期	长期
宽度	10.0	10.0	10.0	8.3	6.7

在基础设施的完备程度方面，《防灾避难场所设计规范》规定：

指标 8：基础设施完备程度。避难场所应具备一定的功能设施，按照我国《地震应急避难场所场址及配套设施》相关规定，正规的应急避难场所应具备至少 9 项最基本的功能设施，其中包括：应急篷宿区设施、医疗救护与卫生防疫设施，应急供水设施，应急供电设施，应急排污系统，应急厕所，应急垃圾储运设施，应急通道，应急标志。如果有条件，还应增设包括应急消防设施，应急物资储备设施，应急指挥管理设施在内的 3 项一般设施，以及包括应急停车场，应急停机坪，应急洗浴设施,应急通风设施,应急功能介绍设施在内的 5 项综合设施。基础设施设置情况可用评分的形式予以评价,并规定得分 80 分为满意值(表 4.5)。

在避难场所标识设置方面,《防灾避难场所设计规范》规定:

指标 9:避难场所标识设置。社区防灾避难所建设,应规划和设置引导性的标识牌,并绘制责任区域的分布图和内部区划图。场所周边主干道、路口应设置指示标识,出入口应设置避难场所主标识,主要通道路口应设置应急设置的指示标识,各类配套设施同样可用评分的形式予以评价,并规定得分 80 分为满意值,见表 4.6。

表 4.5	基础设施完备程度评价
基础设施完备程度	评分
基本完备	80~100
情况良好	60~79
情况很差	60 以下

表 4.6	避难场所标识设置情况评价
避难场所标识设置情况	评分
清楚、合理	80~100
情况良好	60~79
情况很差	60 以下

《城市社区应急避难场所建设标准》对中避难场所分类与构成、建设规模与面积指标、选址与规划布局、建筑与有关设施进行了相应的规定。

关于避难场所分类与构成,城市社区应急避难场所项目分类应以社区常住人口数量为依据,并依此作为计算避难建筑的建筑面积、避难场地用地面积和应急设施容量及进行避难场所管理的依据。城市社区应急避难场所可按社区常住人口分为三类,其分类宜符合表 4.7 的规定。

城市社区应急避难场所项目构成应包括避难建筑、避难场地和应急设施。避难建筑应根据灾害种类,合理设置应急避难的生活服务用房和辅助用房;其中:生活服务用房可包括应急避难室、医疗救护室、物资储备室;辅助用房可包括值班室、公共厕所;城市社区应急避难场所的场地应包括应急避难区、应急管理区、应急医疗救护区、应急公厕、应急供电、应急供水等用地;城市社区应急避难场所的应急设施应包括应急供电、应急供水、应急广播等设施。

表 4.7	城市社区应急避难场所分类表
类别	社区常住人口/人
Ⅰ类	10000~15000
Ⅱ类	5000~10000(不含)
Ⅲ类	5000 以下(不含)

关于建设规模与面积指标,城市社区应急避难场所建设规模与面积指标应符合表 4.8 的规定。

表 4.8　　　　　　城市社区应急避难场所建设规模与面积指标　　　　　　　　单位:m²

类别	避难建筑面积	避难场地面积
Ⅰ类	200~300	10000~15000
Ⅱ类	100~200	5000~10000(不含)
Ⅲ类	100	5000 以下(不含)

注　1. 表中避难建筑面积及避难场地面积与社区常住人口相对应。人口数在 5000~15000 人范围内的采用插入法计算,15000 人以上的大型社区,建筑面积和场地面积按不超过Ⅰ类标准上限的 30% 控制。
　　2. 避难建筑平均使用面积系数按 0.68 计算。

避难建筑各类用房使用面积所占比例宜参照表4.9确定。

表4.9　　　　　　　　　　避难建筑各类用房使用面积所占比例表　　　　　　单位:%

用房名称		使用面积所占比例		
		I类	II类	III类
生活服务用房	应急避难室	41.18	29.41	22.06
	医疗救护室	14.71	22.06	22.06
	物资储备室	22.06	22.06	22.06
辅助用房	值班室	7.35	8.82	11.76
	公共厕所	14.70	17.65	22.06
合计		100.00	100.00	100.00

注 表中所列各项功能用房所占比例为参考值,各地可根据实际需要在总使用面积范围内适当调整。

应急医疗卫生救助规模应按社区常住人口核算人员受伤及疫病规模,当核算有难度时,可按社区常住人口的2%计;应急物资储备应包括救援工具、通信工具、照明工具、应急药品和生活物资,其中,食品储存标准应按避难人数400～900克/(人·日),饮用水3升/(人·日)储备。

关于选址与规划布局,城市社区应急避难场所的选址应符合当地城市规划,遵循场地安全、交通便利和出入方便的原则,并满足以下条件:

(1) 应选择地形较为平坦、空旷,易于排水,适宜搭建帐篷的场地。

(2) 宜与城市应急疏散道路相连,利于人员和车辆进出。

(3) 应便于应急供水、应急供电等设施接入的地段。

(4) 应处于周边高层建筑、高耸构筑物的垮塌影响范围之外。

社区应急避难场所应优先选择街区公园、街区广场、社区绿地、社区服务中心、中小学校等公共设施,并应按照避难要求进行改造建设,使之符合避难场地和避难建筑的要求。

社区应急避难场所的服务半径应以避难人员步行10～15min能到达避难场所入口为原则确定,且不宜超过1000m。社区应急避难场所内应有两条及以上方向不同的安全通道与外部相通,其中主通道的有效宽度不应小于4m,次通道的有效宽度不应小于2.5m。

关于建筑与有关设施,避难建筑宜为低层建筑。与社区公共服务设施合建时,应急避难室应设在建筑物低层,并应符合无障碍设计要求。城市社区应急避难场所建筑的抗震设防标准应符合现行国家标准《建筑工程抗震设防分类标准》(GB 50223—2007)和《建筑抗震设计规范》(GB 50011—2010)的相关规定;抗震设防标准为重点设防类。

避难建筑应为钢筋混凝土结构或钢结构,耐火等级不应低于二级,有关设施的配置应符合现行国家标准《建筑设计防火规范》(GB 50016—2014)的相关规定。避难建筑至少设2个安全疏散出口,多层避难建筑至少设2部安全疏散楼梯。

避难场地应具备良好的给水排水条件,满足给水排水要求,提供生活饮用水,水质应符合现行国家标准《生活饮用水卫生标准》(GB 5749—2015)的规定,也可设置临时性贮水设施,储存桶装、瓶装饮用水。城市社区应急避难场所宜结合现有生活污水排水设施设置公共(或应急)厕所。公共

（或应急）厕所内应设盥洗槽、洗手盆、水嘴和便器。避难场地盥洗槽、洗手盆、水嘴数量按每100避难人数不应少于1个设置，大便器数量宜不少于避难人数的1.0%，男女比例宜为1：2，且应男女分设，必要时也可采用移动式简易厕所。

应急避难场地的供配电设施宜利用周边建筑供配电设施或设专用的供配电设施。避难建筑、应急避难室宜按二级及以上负荷供电。

室外设置的供配电设施应采取抗震、防雨水、防晒、防冻等防护措施。供配电线路宜敷设预留到避难场地各功能区，供电容量应满足各功能区照明和设备运行的需求。城市社区应急避难场所应设置应急照明。应急电源可利用周边建筑的现有设施，并可装配临时发电机和蓄电池。城市社区应急避难场所的防雷措施应符合现行国家标准《建筑物防雷设计规范》（GB 50057—2016）的要求。

避难场所应设置区域位置指示和警告标识，并宜设置场所设施标识。避难场所内应设置便于人员快速适应环境、安置疏散人员休息和准确找到配套应急设施所在位置的功能分区标识。应急避难场所标识包括场所统一标识、功能分区标识、道路指示标识等。标识设施宜经久耐用，图形、文字、色彩、耐久性等应符合现行国家标准《防灾避难场所设计规范》（GB 51143—2015）的要求。重要标识应自带照明或做夜光处理，方便夜间辨认。

从重大灾害发生后的避难需求到避难所产生，从灾民背井离乡逃荒到在灾区就近避难，从灾后灾民自发搭建防灾避难场所到科学规划、建设、管理、利用防灾避难场所，从灾民自主盲目避难到有应急预案、有组织的安全避难，反映出人类抗御重大灾害的能力日益提高，社会不断进步，科学技术蓬勃发展，抗灾理念逐步更新。

本 章 参 考 文 献

［1］ 中华人民共和国住房和城乡建设部. 建筑抗震设计规范［S］. 北京：中国建筑工业出版社，2010：47-49.
［2］ 中国国家标准化管理委员会. GB 21734—2008 地震应急避难场所场址及配套设计［S］. 北京：中国标准出版社，2008.
［3］ 中华人民共和国民政部. 民政部关于在全国推进城市社区建设的意见［Z］. 国务院办公厅，2000.
［4］ 戴慎志. 城市综合防灾规划［M］. 北京：中国建筑工业出版社，2011.
［5］ 中国地震局. 地震安全示范社区管理暂行办法［Z］. 中国地震局，2012.
［6］ 北京市城市规划设计研究院. 北京中心城市地震及应急避难场所（室外）规划纲要［Z］. 2009.
［7］ 马东辉，郭小东，王志涛. 城市抗震防灾规划标准实施指南［M］. 北京：中国建筑工业出版社，2008.
［8］ 中华人民共和国住房和城乡建设部. 城镇防灾避难场所设计规范［M］. 北京：中国建筑工业出版社，2012.
［9］ 中华人民共和国住房和城乡建设部，中华人民共和国国家发展和改革委员会. 城市社区应急避难场所建设标准［Z］. 北京：中国计划出版社，2017.
［10］ 中华人民共和国建设部. GB 50413—2007 城市抗震防灾规划标准［S］. 北京：中国建筑工业出版社，2007.
［11］ 马东辉，周锡元，苏经宇，钱稼茹. 城市抗震防灾规划的研究和编制［J］. 安全，2006（4）：3-6.
［12］ 宋波. 点面结合、科学规划、适应现在城市灾害特点的防灾减灾新视点［J］. 土木工程学报，2010（5）：142-148.
［13］ Song Bo, Zhang Jingxin, Kim T H. Evaluation Index System for Disaster Prevention Signs in Urban Shelters in China［J］. Joural of Korea Society of Disaster Information，2016，30.

［14］ Song B，Ma K. Study on Cognizing Disaster Prevention Signs in Public Buildings ［J］. Advanced Materials Research，2011，250 - 253 （1 - 4）：3919 - 3922.

［15］ Song B, Cui X L，Zhang P. Research on Disaster Prevention Index of Emergency Evacuation System of Urban Community ［J］. Advanced Materials Research，2013，663：245 - 250.

［16］ 苏幼坡，王兴国. 城镇避难场所规划设计 ［M］. 北京：中国建筑工业出版社，2012.

［17］ 苏幼坡，苏春生，苏经宇. 城市灾害避难与防灾疏散场所 ［M］. 北京：中国科学技术出版社，2006.

［18］ 苏幼坡，刘瑞兴. 城市避难疏散场所的规划原则与要点 ［J］. 灾害学，2004，19 （1）：87 - 91.

第 5 章　城市生命线工程灾害及减灾对策

"生命线工程"(lifeline engineering)主要是指维持城市生存功能系统和对国计民生有重大影响的工程,主要包括供水、排水系统的工程、电力、燃气及石油管线等能源供给系统的工程、电话和广播电视等情报通信系统的工程,大型医疗系统的工程以及公路、铁路等交通系统的工程等。近年来国内外的灾害表明,随着城市的大型化及人口的高密度化,生命线工程灾害的影响会愈加明显。

5.1　城市桥梁设施灾害及减灾对策

5.1.1　城市桥梁设施灾害概述

桥梁一般指架设在江河湖海上,使车辆行人等能顺利通行的构筑物。为适应现代高速发展的交通行业,桥梁亦引申为跨越山涧、不良地质或满足其他交通需要而架设的使通行更加便捷的构筑物。

城市桥梁是指城市范围内,修建在河道上的桥梁和道路与道路立交、道路跨越铁路的立交桥及人行天桥,包括永久性桥和半永久性桥,不包括临时性桥、铁路桥、涵洞。城市桥梁是城市生命线系统工程的重要组成部分,图 5.1、图 5.2 所示为城市典型的立交桥与跨河桥梁示意图,图 5.2 中已建的桥梁(左侧)和在建中的桥梁(右侧),反映出城市化发展对城市交通枢纽的需求。

图 5.1　城市大型立交桥　　　　　　　　　　图 5.2　城市跨河桥

近年来桥梁灾害表现形式不一,例如 2009 年 5 月 17 日湖南株洲红旗广场高架桥发生坍塌事故(图 5.3)。2012 年 8 月 24 日,黑龙江哈尔滨市阳明滩大桥引桥上部结构发生侧翻(图 5.4)。

图 5.3　高架桥发生坍塌事故　　　　　　图 5.4　桥梁上部结构发生整体侧翻

　　桥梁在长期运营过程中会受到多种因素的影响，在役桥梁的损伤与破坏主要体现在两个方面：一方面是桥梁在运营过程中由于自然环境和使用环境的变化使桥梁结构出现不可避免的损伤和性能指标退化，导致桥梁结构产生病害、出现缺陷，严重影响桥梁正常使用；另一方面主要是由于自然灾害（例如地震灾害等）造成的破坏，这类破坏往往波及面大，容易对桥梁造成难以修复的破坏。

5.1.2　桥梁日常灾害典型实例及减灾对策

　　桥梁通常由 4 个基本部分组成，即桥面系、上部结构、下部结构和其他附属部分。桥面系包括桥面铺装、桥面板、伸缩缝、人行道、栏杆以及排水系统等。上部结构是在线路中断时跨越障碍的主要承重结构，是桥梁支座以上（无铰拱起拱线或刚架主梁底线以上）跨越桥孔的总称，主要包括：主梁、主桁架、主拱圈、横梁、横向联系、主节点、挂梁、联结件等。下部结构包括支座、盖梁、墩身、台帽、台身、翼墙、锥坡。桥墩和桥台支承上部结构并将其传来的恒载再传至基础。桥墩和桥台底部的奠基部分，称为基础，基础承担了从桥墩和桥台传来的全部荷载，这些荷载包括竖向荷载以及地震力、船舶撞击墩身等引起的水平荷载等。本节主要从桥面系、支座和桥梁基础 3 个方面来分析桥梁日常灾害。

　　1. 桥面系病害及对策

　　桥面系包括桥面板、人行道板、栏杆（或者防撞栏杆）、桥面铺装层、伸缩缝、桥头搭板及引道。桥梁桥面系在长期运营过程中由于直接受到车辆运行、气候及其他多种因素的影响，不可避免的产生各种损伤和破坏，如不及时加固将会影响到桥梁的正常使用，严重的甚至引起交通事故或缩短桥梁使用年限。桥面系常出现的病害包括：桥面铺装出现网裂、龟裂、波浪、车辙以及贯通纵、横缝等；桥头与台背出现沉降下沉；伸缩缝出现堵塞、变形、异响；排水系统泄水管脱落、破损，桥面积水；栏杆或护栏出现露筋锈蚀、丢失残缺、松动错位等；人行道块件残缺、塌陷、网裂等。图 5.5 所示为桥面系的典型病害实例。

　　混凝土桥梁的表层受到自然或者人为因素的影响，在长年累月恶劣环境作用下，会导致各类裂缝、腐蚀等缺陷不断扩大，影响桥梁的安全运营。例如混凝土覆盖层损坏，会使保护层减薄或钢筋

（a）桥面纵向裂缝

（b）桥面交叉裂缝

（c）桥面铺装层破损

（d）防撞护栏破损

图 5.5　桥面系的病害实例

外露，导致钢筋锈蚀，严重时会削弱结构的强度和刚度，使桥梁遭到破坏。有些表层损坏还会向构件内部发展，造成混凝土强度降低，从而缩短桥梁结构的使用寿命。部分缺陷病害如图 5.6 所示。

　　通常桥面裂缝引起的原因主要由以下 4 种：①荷载引起的裂缝：混凝土桥梁在静、动荷载及次应力下产生的裂缝；②温度变化引起的裂缝：混凝土具有热胀冷缩性质，当外部环境或内部温度发生变化，混凝土将发生变形，若变形遭到约束，则在结构内将产生应力，当应力超过混凝土抗拉强度时即产生温度裂缝；③冻胀引起的裂缝：大气气温低于零度时，吸水饱和的混凝土出现冰冻，游离的水转变成冰，体积膨胀 9%，因而混凝土产生膨胀应力，同时混凝土凝胶孔中的冷水在微观结构中迁移和重分布引起渗透压，使混凝土中膨胀力加大，混凝土强度降低，分析导致裂缝出现；④施工材料质量引起的裂缝：混凝土主要由水泥、砂、骨料、拌和水及外加剂组成。配制混凝土所采用材料质量不合格，也可能导致结构出现裂缝。

　　桥面板在施工和使用过程中，若裂缝已产生，需根据裂缝长度、宽度和深度，分析裂缝产生的原因，选择合理的治理方案。常见的裂缝处理措施主要有：

（a）桥墩大面积混凝土脱落

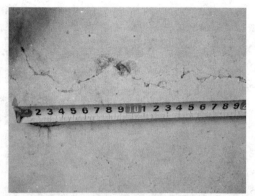

（b）桥墩出现横向裂缝

（c）主梁钢筋锈胀引起保护层剥落

（d）底板混凝土剥落

图 5.6　桥梁表层混凝土脱落实例

（1）表面修补法。表面修补法适用于对承载力无影响的表面及深进裂缝以及大面积细裂缝防渗、漏水的处理。

（2）压力注浆法。压力注浆法系用压浆泵将胶结料压入裂缝中，以恢复结构的整体性。

（3）碳纤维粘贴法补强。适用于裂缝宽度大于 0.5mm 以上部位。

（4）混凝土置换法。混凝土置换法是先将损坏的混凝土剔除，然后再置换入新的混凝土或其他材料。

2. 桥梁支座病害及对策

桥梁支座是连接桥梁上部结构和下部结构的重要结构部件。设计中除考虑其应有足够的强度、刚度和自由的转动或移动性能外，还应注意便于维修和更换，施工中应重视座板下混凝土垫层的平整，并应根据气温确定其安放位置；在地震设防区应考虑抗震措施。

桥梁日常维护中，支座是最容易出现病害的地方，比较常见的是：支座处混凝土缺损钢筋外露、长期荷载作用下容易发生剪切变形、钢支座的锈蚀、支座橡胶老化、辊滚轴支座的辊轴脱落、支撑垫石缺失等，如图 5.7 所示。

（a）支座处混凝土脱落

（b）桥梁支座剪切变形

（c）桥墩支座锈蚀

（d）支座橡胶老化

（e）辊轴支座脱落

（f）支撑垫石缺失

图 5.7　桥梁支座病害

　　桥梁在使用过程中，常常会出现不同部位、不同形式的损坏。给维修养护带来了一定的难度，影响了车辆的平稳通行，造成了大量的险情。因此必须加强对桥梁支座养护维修与加固的重视，确保桥梁的稳定和行车运营的安全。

根据桥梁支座缺陷或故障，主要的维修方法包括：

（1）支座部件的更换。当支座轴承有裂纹、切口以及个别辊轴大小不合适时，必须予以更换。尤其是实际纵向位移大于容许偏差或有横向位移时应加以矫正。

（2）梁支点承压不均匀时，应进行调整。调整时可采用千斤顶把梁上部顶起，然后移动调整支座的位置。

（3）桥梁支座板翘起、扭曲、断裂时应予更换或补充，焊缝开裂应予维修加固。

（4）油毡支座因损坏、掉落而不能发挥作用时，橡胶支座产生老化、变质而失效时，也需进行调整，加以维修加固。

3. 桥梁基础病害及对策

桥梁基础的作用是承受上部结构传来的全部荷载，并把它们和下部结构荷载传递给地基。按构造和施工方法不同，桥梁基础类型可分为：明挖基础、桩基础、沉井基础、沉箱基础和管柱基础。因此，为了全桥的安全和正常使用，要求地基和基础要有足够的强度、刚度和整体稳定性，使其不产生过大的水平变形或不均匀沉降。

与一般建筑物基础相比，桥梁基础埋置较深，其原因是：①由于作用在基础上的荷载集中而强大，加之浅层土一般比较松软，很难承受住这种荷载，故有必要把基础向下延伸，使其置于承载力较高的地基上；②对于水中墩台基础，由于河床受到水流的冲刷，桥梁基础必须有足够的埋深，以防冲刷基础底面（简称基底）而造成桥梁沉陷或倾覆事故。一般规定桥梁的明挖、沉井、沉箱等基础的基底按其重要性和维修加固难易程度，应埋置在河床最低冲刷线以下至少 2～5m。对于冻胀土地基，基底应在冻结线以下至少 0.25m。对于陆地墩台基础，除考虑地基冻胀要求外，还要考虑生物和人类活动及其他自然因素对地表土的破坏，基底应在地面以下不小于 1.0m。对于城市桥梁，常把基础顶置于最低水位或地面以下，以免影响市容。基顶平面尺寸应较墩台底的截面尺寸大，以利于施工。

近些年，随着高速铁路和重载高速交通的发展，我国所建铁路、公路跨河跨海的大型桥梁，多数采用深水群桩基础，其体积、阻水面积均较大，在循环荷载和冲刷的作用下，使得桩基础承载性状显著变化，由此可能引起桥梁毁坏和基础裸露等严重安全隐患。针对冲刷造成的桥梁基础病害（图5.8）及桥台与路堤之间存在着不均匀沉陷（图5.9），采取相应措施确保冲刷后基础的承载能力。

图5.8　桥梁基础冲刷

图5.9　桥台不均匀沉降

（1）验算冲刷后桩基承载力，若承载力不足，可采取加桩的方式，提高桩基承载力。

（2）对露筋的桩基础表面可以采取植筋、混凝土包裹等方式处理，防止侵蚀进一步发展。

（3）加强养护和检测，并严禁桥址附近的采砂作业，防止河床下切。

（4）承台周围布置防冲刷桩，减小对桩基的影响。

5.1.3 桥梁地震灾害实例概览

桥梁作为城市之间重要的交通连接纽带，在地震中上部梁体滑动、支座破坏、甚至落梁的现象时有发生，例如，1964年新潟地震落梁破坏（图5.10），1994年美国北岭地震两座互通式立交工程严重倒塌毁坏和旧金山—奥克兰海湾大桥都发生落梁现象（图5.11、图5.12），1995年的阪神地震发生时西宫港大桥第一跨引桥发生落梁（图5.13）等。根据中国地震信息网统计，2008年汶川地震导致受损桥梁高达6410座，百余座桥梁由于碰撞而损坏，导致承载力下降，20多座桥梁倒塌，公路、桥梁、隧道各类交通基础设施损毁的直接经济损失达670亿元。地震作用下，桥梁的承重构件发生局部破坏或墩顶与梁端处的相对位移过大，引发落梁。地震中大量的桥梁倒塌破坏，严重影响了震后救灾的进程。

图 5.10 新潟地震落梁破坏

图 5.11 美国北岭地震桥梁破坏

图 5.12 旧金山—奥克兰海湾大桥一跨落梁

图 5.13 阪神地震西宫港大桥第一跨引桥脱落

百花大桥为曲线连续梁桥＋直线连续梁桥＋曲线连续梁桥的组合形式，平面呈S形。墩梁采用无盖梁支撑，主梁直接置于柱顶。2008年汶川地震中，主要震害为5跨曲线梁整体性垮塌［图5.14 (a)］，部分梁体折断并叠置［图5.14 (b)］，还包括桥墩弯曲破坏［图5.14 (c)］、剪切破坏［图5.14 (d)］，主梁横、纵向移位及碰撞和挡块震害等［图5.14 (e)、图5.14 (f)］。

(a) 百花大桥震害

(b) 百花大桥梁体破坏

(c) 桥墩弯曲破坏

(d) 桥墩剪切破坏

(e) 梁体移位及碰撞

(f) 挡块破坏

图5.14 百花大桥震害

庙子坪大桥是主桥位于库区的3跨连续刚构桥，引桥为50m跨连续桥面简支梁桥，5跨一联设有伸缩缝。主要震害为一跨引桥在伸缩缝处坠落［图5.15 (a)］和主、引桥横向稍有错位

［图 5.15 （b）］。其他震害现象还表现为主桥、引桥支座破坏和挡块损坏［图 5.15 （c）～图 5.15 （f）］。

（a）庙子坪大桥引桥落梁

（b）主桥与引桥错位

（c）落梁处支座、挡块破坏

（d）主桥支座及垫块损坏

（e）引桥支座移位及挡块损坏

（f）主桥挡块破坏、缓冲垫脱落

图 5.15 庙子坪大桥震害破坏状况

从近年来国外的桥梁破坏状况来看，2011 年 3 月 11 日发生 9.0 级日本东北大地震之后，根据对东北地区的桥梁详细的震害调查的统计资料，对 443 座抗震加固后的公路桥的震害分析结果显示约 9% 的桥梁有不同程度上的结构破坏。其中，上、下部结构连接处发生破坏的桥占 6.4%。这里的上、下部结构连接处主要指支座、限位装置、阻尼器等装置以及这些装置和上、下部结构的连接位置。例如 Utatsu 大桥在东日本大地震中的震害主要表现在海啸冲击作用使梁体产生较大横向或纵向位移，发生落梁现象，如图 5.16 所示。

图 5.16　2011 年东日本大地震中 Utatsu 大桥震害破坏

5.1.4　地震作用下桥梁的破坏原因分析

桥梁结构的破坏形式主要表现为上部结构破坏和下部结构破坏，上部结构的破坏形式主要有主梁端部开裂、钢桁架桥的下弦杆钢板开裂和局部屈曲等。下部结构的破坏形式主要有钢筋混凝土桥墩盖梁开裂、桥台背墙开裂等。上、下部结构连接处的破坏主要有支座的破坏、限位装置的破坏、阻尼器和上、下部结构连接处的破坏等。

1. 桥梁上部结构破坏

桥梁上部结构震害按照产生的原因不同可以分为上部结构自身的震害、上部结构位移震害（包括落梁）和上部结构碰撞震害等。如图 5.17 所示为 1995 年阪神地震中桥梁的上部结构典型破坏实例。

其中桥梁上部结构落梁破坏往往造成交通中断，后果极为严重。因而近年来防落梁装置的研发也备受关注。

2. 桥梁支撑连接部位破坏

桥梁支座是连接桥梁上部结构和下部结构的重要部件，因此桥梁支座必须具有足够的承载力来保证其安全可靠的传递能力。

桥梁支座在历次地震中，震害现象都比较普遍。主要表现为：活动支座脱落 [图 5.18（a）]、支座位移、锚固螺栓拔出、剪断 [图 5.18（b）]、支座本身结构上的破坏。部分可归结为支座的设计没有充分考虑抗震要求，连接与支挡等构造措施不足，以及某些支座和材料本身的缺陷等。

（a）桥墩发生错台

（b）桥墩发生错台

（c）横向落梁

（d）纵向落梁

图 5.17 桥梁上部结构落梁破坏

（a）支座位移脱空

（b）固定锚栓被剪断

图 5.18 桥梁支座震害

3. 桥梁桥台、桥墩的破坏

大量震害表明：桥梁结构中普遍采用的钢筋混凝土墩柱结构其破坏形式主要有弯曲破坏和剪切破坏。弯曲破坏是延性的，在墩柱结构震害中非常常见，多表现为开裂、混凝土剥落压碎等，并伴随有较大的塑性变形。而剪切破坏属于脆性破坏，伴随着强度和刚度的急剧下降。图 5.19 所示为 1995 年阪神大地震中桥墩的破坏实例。

（a）桥墩底部的典型破坏实例　　　　　　（b）桥墩沿 45°剪切破坏

图 5.19　桥墩结构的破坏形式

1995 年阪神大地震中，在水平地震力的反复作用下，由于上部质量过大，单柱式桥墩基底弯矩最大处首先产生塑性变形，位于塑性铰区域内的主钢筋的约束配筋不足、纵向钢筋搭接方式不当导致桥墩延性能力严重不足。

对于地震作用下桥墩的破坏，主要采取加固措施包括：钢板加固外套方法、纤维增强复合材料加固方法，以及增加原结构断面的方法。

4. 桥梁基础的破坏

地震中桥梁基础的破坏一般是指地震引起的地基承载力丧失现象。桥梁基础破坏是桥梁重要震害之一，如 1964 年美国的阿拉斯加地震、日本的新潟地震、中国 1975 年的海城地震和 1976 年的唐山地震中都有大量由于地基失效引起桥梁破坏的实例。强震发生时，如果场地条件不佳，容易导致地裂缝、砂土液化、滑坡、软土震陷等灾害，这些灾害都会引起地基开裂、滑动、不均匀沉降等现象，进而丧失稳定性和承载力，同时由于地基的破坏也会引起上部结构破坏。图 5.20 所示为 2011 年东日本大地震中部分因桥梁地基发生液化导致结构的不均匀沉降及整体下沉等。

（a）桥墩基础周边整体下沉　　　　　　（b）桥墩基础发生液化沉降

图 5.20　桥梁基础震害

对于可能发生液化又无法避开的场地，应采用相应的加固方法，减少液化破坏的可能性和液化发生范围。液化区桥梁的加固主要有两方面：①改善可能引起液化的土壤条件；②通过提高结构整体抗震能力，采用合理的基础形式抵抗液化效应（例如碎石桩、加固土层等）。

5.1.5 国内外桥梁抗震减灾的主要对策与方法

1. 桥梁抗震设计基本思路与准则

国内外抗震设计规范均在不断地发展，典型的设计规范主要包括：中国的《城市桥梁抗震设计规范》（CJJ 166—2011）、《铁路工程抗震设计规范》（GB 50111—2006）、《公路桥梁抗震设计细则》（JTG/T B02—01—2008）、日本的《道路桥示方书·同解说耐震设计编》以及美国《AASHTO 规范》等。

各国根据桥梁在社会和经济发展中的地位和国防需求以及政治等因素，将桥梁进行重要性等级划分，结构的重要性等级划分是抗震设计的基础。根据《中国公路桥梁抗震设计细则》，我国将桥梁分类分为4类，其设防水准及目标见表5.1。

表 5.1 各设防类别桥梁的抗震设防目标

桥梁抗震设防类别	设 防 目 标		适 用 范 围
	E1 地震作用	E2 地震作用	
A 类	一般不受损或不需修复，可以继续使用	可发生局部轻微损伤，不需修复或经简单修复，可继续使用	单跨跨径超过150m的特大桥
B 类	一般不受损或不需修复，可以继续使用	应保证不致倒塌或产生严重结构损伤，经临时加固后可供维持应急交通使用	单跨跨径不超过150m的高速公路、一级公路上的桥梁，单跨跨径不超过150m的二级公路上的大桥、特大桥
C 类	一般不受损或不需修复，可以继续使用	应保证不致倒塌或产生严重结构损伤，经临时加固后可供维持应急交通使用	二级公路上的中桥、小桥，单跨跨径不超过150m的三、四级公路上的特大桥、大桥
D 类	一般不受损或不需修复，可以继续使用	—	位于三、四级公路上的中桥、小桥

表 5.1 中，E1 地震作用：工程场地重现期较短的地震作用，对应于第一级设防水准。采用弹性抗震设计，不允许桥梁结构发生塑性变形，用构件的强度作为衡量结构性能的指标，只需校核构件的强度是否满足要求。

E2 地震作用：工程场地重现期较长的地震作用，对应于第二级设防水准。采用延性抗震设计，允许桥梁结构发生塑性变形，不仅用构件的强度作为衡量结构性能的指标，同时校核构件的延性能力是否满足要求。

2. 抗震设防标准

所谓三水准设防主要是指传统意义上的"小震不坏、中震可修、大震不倒"，主要内容见

表5.2。

表5.2 三水准设防标准

第一设防水准	桥梁发生弹性变形，桥梁所有构件不出现任何损坏，结构保持在弹性范围工作（性能水平Ⅰ）
第二设防水准	桥梁发生弹性变形，桥梁所有构件不出现任何损坏，结构保持在弹性范围工作（性能水平Ⅰ）
第三设防水准	桥梁发生塑性变形，桥梁的主要构件可出现可修复的损伤（性能水平Ⅱ），次要构件破坏严重（性能水平Ⅲ），但整个结构的非弹性变形仍受到控制，结构倒塌的临界变形仍有一定距离，震后可以修复，震时可供紧急救援车辆通过

3. 桥梁选址

应选择在对抗震有利的地段，尽可能避免选择在软弱黏性土层、可液化土层和地层严重不均匀的地段，特别是发震断层地段。

对抗震有利的地段，一般是指坚硬土或开阔、平坦、密实、均匀的中硬土等地段；不利地段，一般是指孤突的山梁、高差较大台地边缘、软弱黏性土及可液化土层等地段；危险地段，是指发震断层及其邻近地段和地震时可能发生大规模滑坡、崩塌等不良地质地段。

4. 桥梁结构合理造型

对于桥型选择，宜按下列几个原则进行：尽量减轻结构的自重和降低其重心，以减小结构物的地震作用和内力，提高稳定性；力求使结构物的质量中心与刚度中心重合，以减小在地震中因扭转引起的附加地震力；应协调结构物的长度和高度，以减少各部分不同性质的振动所造成的危害作用；适当降低结构刚度，使用延性材料提高其变形能力，从而减少地震作用；加强地基的调整和处理，以减小地基变形和防止地基失效。

5. 桥梁抗震设计流程

在进行抗震概念设计时，特别要重视上、下部连接部位的设计，桥墩形式的选取，过渡孔处连接部位的设计，以及塑性铰预期部位的选择。为了保证所选定的结构体系在桥址的场地条件下确实是良好的抗震体系，须进行简单的分析（动力特性分析和地震反应估算），然后结合结构设计分析结构的抗震薄弱部位并进一步分析是否能通过配筋或者构造设计保证这些部位的抗震安全性。桥梁抗震设计地震响应分析与验算应采用的流程图如图5.21和图5.22所示。

6. 桥梁抗震分析方法

对于地震过程中性能表现复杂的桥梁要采用合理的分析与验算方法，主要有拟静力法、线弹性反应谱法、时程分析法、Pushover法等。

（1）拟静力法。早期结构抗震计算采用的是静力理论，1900年日本大房森吉提出静力法的概念，它假设结构物各个部分与地震动具有相同的振动（刚体振动）。此时，结构物上只作用着地面运动加速度乘以结构物质量所产生的惯性力。即忽略地面运动特性与结构的动力特性因素，简单地把结构在地震时的动力反应看作是静止的地震惯性力作为地震荷载作用下结构的内力分析。1915年佐野提

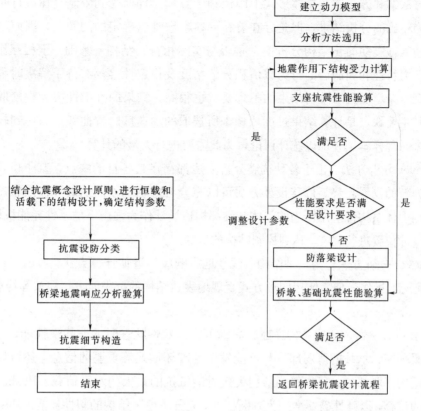

图 5.21 桥梁抗震设计流程   图 5.22 桥梁地震响应分析与验算

出震度法,即根据静力法的概念提出以结构的 10% 的重量作为水平地震荷载,于 1923 年关东大地震后的次年建立了最早的桥梁下部结构工程的抗震分析方法。虽然其在理论上存在局限性,也经常作为有效的验算方法。

(2) 反应谱法。因为拟静力法理论的局限性,没有考虑结构自身的动力响应,所以在随后的抗震分析中越来越显示出它的局限性。20 世纪 40 年代在抗震分析中提出了反应谱理论,反应谱理论在简单正确地反映了地震动的特性同时考虑了结构物的动力特性,因而迅速在世界范围内得到了广泛的承认,20 世纪 50 年代后已被各国的抗震设计规范所应用,其设防标准采用烈度或加速度来表示。反应谱法根据规范按四类场地土给出的设计反应谱进行计算,对于量大面广的常规桥梁,只取少数几个低阶振型就可以求得较为满意的结果,计算量少;并且反应谱法将时变动力问题转化为拟静力问题,易于被工程师接受,这些都是反应谱法的优点所在。反应谱法以其概念清晰、计算简单而被广泛应用,至今仍是各国规范的基本计算方法。

(3) 动力时程分析法。时程分析可以进行有线弹性材料行为、非线性材料滞回特征、几何非线性效应的模型分析。但是,除了二维或三维空间坐标分析,必须考对桥梁模型进行地震时程分析,有 3 种可用的分析方法:①时域内的逐步积分;②时域内的标准振型时程的叠加;③频域反应的计算变换到时域内叠加。因为对于一个特定的地震地面运动,线弹性时程反应分析得到的设计信息总量很少，因此方法②和方法③在总体形式上因依赖于叠加原理而受到限制。在进行时程分析时可以得到数值上较为精确的分析结果，但是存在着在一些参数难以确定的问题上，因而本质仍然比较模糊。其他问题输入地震动简化结构分析模型是否与实际相符；结构—基础—土相互作用问题；结构构件的非线性动力特性和屈服后的行为数值积分的精度及稳定性等都有待于解决时程分析不仅计算量大，建立模型复杂，而且对分析结果的整理要求也很高，结果的准确性很大程度取决于输入地面运动的情况。其主要缺点是计算结果过度依赖于所选取的加速度时程曲线。为得到较可靠的计算结果常要计算许多时程样本，并加以统计评论，为此需要进行大量的计算。

（4）Pushover 分析方法。由于各种抗震分析方法都存在其各自的缺点，基于位移和能力相结合的设计方法成为新的发展趋势。位移设计方法可以充分考虑结构不同的破坏极限状态；能力设计就是通过主要抗侧力体系构件应用恰当的整体和细部构造设计作为强震下的延性耗能机构，保证在地震作用下结构的设计位置进行耗能，达到控制结构的目的。

其中 Pushover 分析方法作为一种结构非线性地震响应的近似计算方法，考虑了结构的弹塑性特性，以其概念简明、操作简便、能用图形方式直观地表达结构的抗震能力与需求等特点正逐渐受到重视和推广。

Pushover 分析方法通过研究结构在地震激励下进入塑性状态时的非线性性能，可求得结构的变形，构件的屈服顺序、承载的薄弱部位和可能发生的破坏形式等重要的信息，还可以了解结构的破坏机制，找出结构薄弱部位，可以得到结构失效时能抵抗的最大的水平荷载。Pushover 分析方法根据求得的构件的位移，以延性破坏准则为判断标准，充分考虑了结构的塑性耗能。Pushover 分析方法由于比较简单，被设计单位采用得较多。

7. 桥梁抗震其他构造措施

（1）基础抗震措施。应加强基础的整体性和刚度，同时采取减轻上部荷载等相应措施，以防止地震引起动态和永久的不均匀变形，如图 5.23 所示。在可能发生地震液化的地基上建桥时，应采用深基础，使桩或沉井穿过可能液化的土层埋入较稳定密实的土层内一定深度。

图 5.23　桥梁基础加固

（2）桥台抗震措施。桥台胸墙应适当加强，并增加配筋，在梁与梁之间和梁与桥台胸墙之间应设置弹性垫块，以缓和地震的冲击力。对于采用浅基的小桥和通道应加强下部的支撑梁板或做满河床铺砌，使结构尽量保持四铰框架的结构，以防止墩台在地震时滑移。

当桥位难以避免液化土或软土地基时，应使桥梁中线与河流正交，并适当增加桥长，使桥台位于稳定的河岸上。桥台高度宜控制在 8m 以内；当台位处的路堤高度大于 8m 时，桥台应选择在地形平坦、横坡较缓、离主沟槽较远且地质条件相对较好的地段，并尽量降低高度，将台身埋置在路堤填方内，台周路堤边坡脚设置浆砌片石或混凝土挡墙进行防护，桥台基础酌情留足余量。

如果地基条件允许，应尽量采用整体性强的 T 形、U 形或箱形桥台，对于桩柱式桥台，宜采用埋置式。对柱式桥台和肋板式桥台，宜先填土压实，再钻孔或开挖，以保证填土的密实度。为防止砂土在地震时液化，台背宜用非透水性填料，并逐层夯实，要注意防水和排水措施。

（3）桥墩抗震措施。利用桥墩的延性减震是当前桥梁抗震设计中常用的方法。高墩宜采用钢筋混凝土结构，宜采用空心截面。可适当加大桩、柱直径或采用双排的柱式墩和排架桩墩，桩、柱间设置横系梁等，提高其抗弯延性和抗剪强度。

在桥墩塑性铰区域及紧接承台下桩基的适当范围内应加强箍筋配置，墩柱的箍筋间距对延性影响很大，间距越小延性越大。

桥墩的高度相差过大时矮墩将因刚度大而最先破坏。可将矮墩放置在钢套筒里来调整墩柱的刚度和强度，套筒下端的标高等同其他桥墩的地面标高。

（4）加设耗能减震装置。安装耗能减震装置，可以有效减轻桥梁碰撞的不利影响，其具体类型包括：橡胶缓冲垫片、约束装置以及压碎装置等。为避免伸缩缝宽度变化过大，现阶段通常在相邻梁间的间隙处填充弹性耗能介质，一般做法为设置防撞橡胶垫片，在减小伸缩缝宽度值的同时，通过材料的阻尼来达到能量耗散的作用，进而减弱梁间碰撞反应。具体作用机理如图 5.24 所示，橡胶垫块与梁体之间一般均会设置一定的间隙值，以达到适应桥梁温度变形以及常遇地震作用产生的位移值；在强震作用下，当梁体与墩台或梁间相对位移超过设置的间隙初始值时，橡胶垫块开始发生作用，随着橡胶垫片的压缩量增大，可以有效降低梁间碰撞力，以达到防撞的效果。

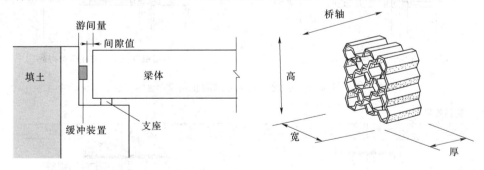

图 5.24 缓冲装置

另外，为避免由于发生碰撞反应造成梁端损伤现象的发生，实际工程中也可以采用抗压强度较小的构件在梁间伸缩处进行填充，当强震发生时，压碎装置开始发挥作用，梁体和压碎装置共同承受碰撞力，随着碰撞力增大到一定的数值，压碎装置发生破坏，引发碰撞能量的耗散，同时由于该装置破坏以后为梁体的运动提供了一定的自由运动空间，进而达到减轻减弱碰撞的作用，保护梁体端部免受损伤。另外，该装置一般造价低廉、构造简单及安装方便，在新建及改造工程中经常采用。

（5）防落梁装置。近年来，防落梁装置在美国、日本、中国台湾等多地震地区的桥梁中得到比较广泛的应用，其主要的构成形式包括：①连接上、下部结构的防落梁构造；②上、下部结构间设置的突起构造；③连接相邻上部结构的防落梁构造等。如图 5.25～图 5.27 所示。

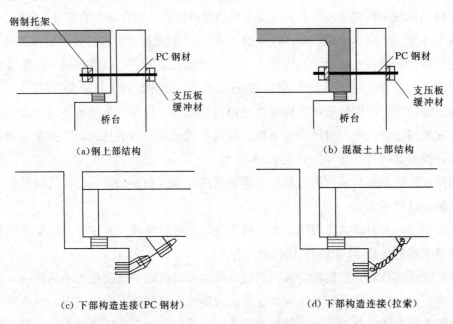

图 5.25　连接上、下部结构的防止落梁装置

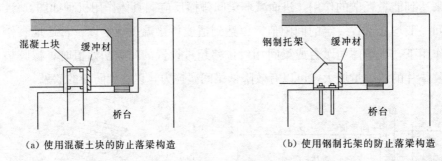

图 5.26　设置突起构造的防止落梁装置

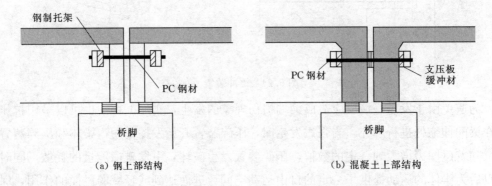

图 5.27　连接相邻上部结构的防止落梁装置

日本经常采用直接连接梁体的连梁装置，而美国则采用墩梁连接的限位装置。地震作用下，对于连梁装置，允许主梁脱离支座但是不发生落梁。美国经常采用的墩梁连接的限位装置，是通过限制梁墩的相对位移而不使主梁落梁。我国现在常用的有锚栓式、挡块式，这些装置设计相对简单。图 5.28 是国外一些常用的防落梁装置，这些装置构造简单，安装方便，适合用于服役桥梁和新建桥梁。

（a）连梁拉索装置

（b）耗能型防落梁装置

（c）拉索防落梁装置

（d）链式防落梁装置

图 5.28　常见防落梁装置

　　图 5.29 所示的是日本桥梁中应用较广泛的一种防落梁装置体系，主要有连梁装置、高度限位差、预埋钢棒和扩大支撑几部分组成。

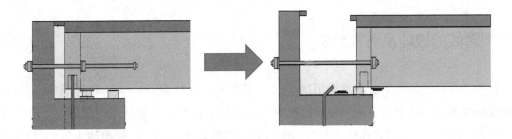

图 5.29　日本防落梁体系

　　我国《公路桥梁抗震设计细则》（JTGT B02—01—2008）在 3.1.4 条中就各类公路桥梁抗震设防措施等级进行了分类，中国最新出台的桥梁抗震设计细则没有推荐专门的限位装置设计方法，提出了几种常用的限位装置,如图 5.30 所示。

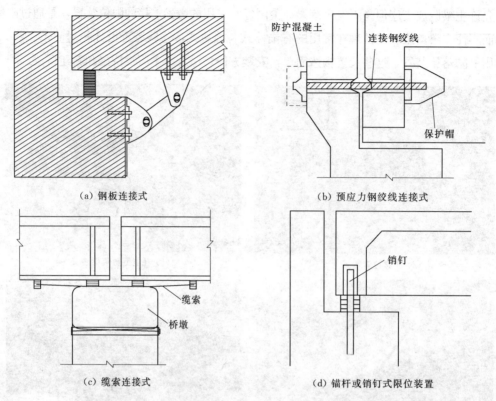

（a）钢板连接式　　　　　　　　　　　（b）预应力钢绞线连接式

（c）缆索连接式　　　　　　　　　　（d）锚杆或销钉式限位装置

图 5.30　常用限位装置

使用横向和纵向限位装置可以实现桥梁结构的内力反应和位移反应之间的协调。一般来讲,限位装置的间隙小,内力反应增大,而位移反应减小;相反,若限位装置的间隙大,则内力反应减小,但位移反应增大。横向和纵向限位装置的使用应使内力反应和位移反应两者之间达到某种平衡,另外,桥轴方向的限位装置移动能力应与支承部分的相适应。限位装置的设置不得有碍于防落梁构造功能的发挥。设置限位装置的目的之一是保证在中小地震作用下不因位移过大而导致伸缩缝等连接部件发生损坏。

5.2　城市管线的破坏及对策分析

城市管线工程是生命线工程的重要组成部分,犹如人的经脉血管,一旦遭到破坏,会给人的正常生活造成极大不便,甚至会引发严重的次生灾害,严重威胁人民生命财产的安全。

在阪神大地震中,阪神供水局给水总管与配水管道共毁坏 120 处,破损率约为 0.74 处/km,其他受灾统计状况如表 5.3 所示。许多管线破坏发生在沿河软弱地基中。震后总结分析知,大部分管线破坏发生在直径相对较小的铸铁管中,并多系接头部分发生破坏,且大部分破损的接头是陈旧的铅制机械接头。神户市、西宫市等 9 市主干供水管发生 1610 处破坏,迫使 110 万用户断水,断水率达 80%。一周后，供水系统仅修复 1/3，全部修复工作持续了两个半月。供气系统也遭到严重破坏，主干供气线路破坏了 5190 处，其中，中压线路破坏了 109 处，85.7 万用户被中断供气，修复工作持续了 3 个月。地下管道与建筑物的严重破坏，导致通信系统的严重破坏。据震后统计，仅神户市就有 3170 条专用通信线路遭到破坏。以神户市为中心的兵库县南部地区 19.7% 的通信线路因交换机发生异常和通信线路的破坏而中断，一批通信设施遭到破坏，其中一些通信大楼因处于危险状态而被迫停止业务。

表 5.3 阪神大地震受灾统计状况

死亡	断水	断电	电话不通
6432 人	130 万户	260 万户	30 万户

从以上数据可以看出，在自然灾害中，强烈地震是对生命线工程威胁最大的灾害。在一些场合，甚至在仅有部分结构发生轻度或中等程度的破坏时，整个生命线工程系统的功能也会受到大幅度削弱。所以城市生命线系统的防灾应包括两方面内容：在自然灾害和人为灾害面前，保障生命线系统的正常运作，尽量减少灾害损失，给救灾工作提供基础保证；尽量避免在灾害发生时，由于生命线系统的不安全因素而引起次生灾害。而针对不同的生命线系统，从防灾角度应采取不同的措施。

在神户淡路大地震中，神户、大阪两大都市的水、电、煤气、电话全部中断，煤气管网和电缆线的破坏引起的火灾，因供水管网的破坏无法供水救火，造成了巨大的损失。阪神地震发生 2h 后，西宫车站因断水而导致大便得不到冲洗，厕所臭气熏天，无法使用。因此必须重视管线工程的抗震防灾问题。

现代城市中地下管线多敷设于公路下，一旦发生破坏，必将影响正常的交通。图 5.31 是 2005 年 5 月 22 日北京海淀区北沙滩桥下地下管线爆裂，路面被强水柱冲的凸起变形，造成此路段暂且无法使用。

图 5.31 北沙滩管道爆裂影响交通

地下管线的拉伸破坏（图 5.32）的震害概要：

地下管线的一部分暴露于土外，并且被拉断，周围出现砂土液化现象。

考查要点：记录管线的破坏情况，土体的坍陷位置与范围，拍摄管线破坏及周围土体塌陷状况的照片，为进一步详细判别提供依据。

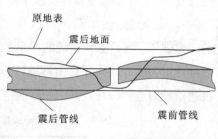

图 5.32　地下管线的拉伸破坏

破坏机理：淡路岛为人工填筑岛，强震在短时间内造成了砂土液化，管线周围土体的塌陷，从而造成地下管线的破坏，如图 5.32 所示。

图 5.33　地下管线人孔与周围道路的破坏

对策例：对埋于软弱土层的管线应放置柔性接头，增加抵御大变形的能力。

地下管线人孔与周围道路的破坏（图 5.33）的震害概要：

道路破坏严重，各处沉降不均。人孔附近尤其严重。据震后调查资料表明，阪神供水局给水总管与配水管道共毁坏 120 处，破损率约为 0.74 处/km。许多管线破坏发生在沿河软弱地基中。震后总结分析可知，大部分管线破坏发生在直径相对较小的铸铁管中，并多系接头部分发生破坏。

考查要点：测量路面的破坏范围，检查竖直井的破坏情况。

破坏机理：原因可能是地震力作用下地下土体液化或施工时路基夯实不严，有人孔处可能重新开挖过，在地震力作用下，路面产生不均匀沉降等。

对策例：修路时应注意路基的夯实情况；做好规划，尽量一次性铺设完全部管线，避免道路的重复开挖，必要时采取相应的工程措施。如果重新开挖，填埋后注意夯实路基，同时要注意加固路基与人孔的连接。

地下管线人孔上浮（图 5.34）的震害概要：

在地震力作用下，地下土体各部分受力不均，地下管线遭到严重破坏，路面开裂。人孔产生上浮现象，人孔周围路面开裂更为严重。

考查要点：测量路面开裂、人孔上浮路段与未破坏路段之间的高差，记录破坏路段的长度及位置。

破坏机理：在地震力作用下，地下土体受力不均，引起路面的开裂，人孔自重较轻，出现上浮现象，加大了开裂的程度。

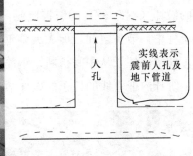

图 5.34 地下管线人孔上浮

对策例：尽量采用城市综合管廊来敷设管线，用这种方法来取代较传统的将管线直接埋入地下的方法，可以避免重复开挖，同时便于管线维护。

管线被剪断（图 5.35）的震害概要：

由于地表的破坏错动产生土体的沉降不均现象，使埋设于此处的管线与输电线被剪断。

考查要点：检查周围土体的破坏情况，管线的破坏数目，以及了解本段管线破坏对周围管线的影响。

破坏机理：由于地表的破坏错动，使输电管线被切断。

对策例：在选择管线敷设路线时，应注意所选线路的工程地质条件；注意在管线接头处应尽量采用柔性连接来增加管线的抗震性能；另外管线的敷设最好采用抗震性能较好的综合管廊的形式。

图 5.35 管线被剪断   图 5.36 冷却塔的破坏

冷却塔的破坏（图 5.36）的震害概要：

在地震力的作用下，由于塔架的破坏导致了冷却塔的倾覆。冷却塔完全倒向地面。

考查要点：检查冷却塔破坏的首要原因，对管线的影响，以及周围管线的破坏情况。

破坏机理：由于塔架部件强度不够，头重脚轻，抗扭强度不够造成塔架的破坏，从而造成冷却塔的倾覆。

对策例：加强塔架的抗震设计，如增加塔架的强度，在原有塔架上增加钢板来提高抗扭性能等。

柱中管线的破坏（图5.37）的震害概要：

管线埋设于柱中，节省空间，但大大降低了柱子的有效承载面积。在地震中柱子很容易丧失承载力而告破坏，如图，柱子从中间折断，钢筋外突，埋于其中的管线也被扯裂破坏。

考查要点：统计内埋管线的柱子的破坏数量，附近居民楼的受影响情况。

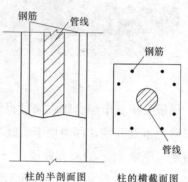

图5.37 柱中管线的破坏

破坏机理：柱子内埋设管线（供水、排水、电、煤气、电话）等，虽然节省了空间，但大大降低了柱子的有效承重截面积，造成破坏。

对策例：在设计阶段应做好抗震设计工作，另外建议管线不要埋设于柱内，采取有效合理的埋设方式，或至少应增加柱子的横截面积。

电线杆的破坏（图5.38）的震害概要：

紧靠路边的房屋与院墙倒塌，砸向路边的电线杆，因为是木结构房屋，压力不是特别大，导致电线杆倾斜而未完全倒掉，但扯断了电线。正是由于电线杆的支撑，使许多房屋避免了彻底的倒塌被夷为平地的厄运，使房屋中的人得以有机会逃生。

考查要点：检查房屋的破坏情况，电线所在线路的破坏情况，并作记录。

破坏机理：由于地震力的作用，抗震性能差的房屋倒塌，压向路边电线杆，导致电缆线的断裂。

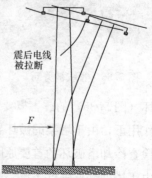

图5.38 电线杆的破坏

对策例：增加周边房屋的抗震性能，如砌体墙壁应采取措施减少对主体结构不利影响，并设置拉结筋、水平细梁、圈梁、构造柱等与主体结构可靠连接。

输电线路的破坏（图 5.39）的震害概要：

在地震后，有相当一部分电缆线遭到破坏。电缆线被扯断，电线杆被压倒。在阪神地震中，有 100 万用户断电，修复工作持续 6d。电力系统的破坏主要集中在 275kV 变电站和 77kV 变电站（共 48 处），直接经济损失达 550 亿日元。配电线路损坏 446 个回路，损失达 960 亿日元。火力发电厂有 10 处破坏，损失额达 350 亿日元。

考查要点：统计破坏线路，被破坏的电站、发电厂等，以及对居民生活造成的影响。

破坏机理：破坏原因有以下几种：由于地震作用力导致电缆支架的破坏，从而引起电缆的破坏；周围房屋等建筑物倒塌导致电缆支架的破坏；地震力作用下，电缆线被拉断；地下电缆线由于周围土体的破坏而造成的破坏。

图 5.39 输电线路的破坏

对策例：加强电厂、变电站的抗震能力，做好电力系统的应急预案，提高灾后供电系统的恢复能力。

结合以上阪神地震中生命线破坏的照片分析，管线的破坏原因有以下 3 类：①管线的破坏原因首先是管道自身的性质引起的，包括材料、管径、接头处焊缝、干管与支管的连接处等；②除管道自身性质外，地震引起的地下管道破坏的原因可分为两类：由周围场地破坏造成的破坏，强烈地震波传播造成的破坏；③在土中约束很好的地下管道对地震位移非常敏感，场地破坏有：大地的构造性运动（如断层、地壳构造性上升或下沉）、砂土液化、土的侧向移位、土体被震密及地裂缝。管道对地震的反应及其破坏特点取决于管道走向与地震波传播方向的夹角。当管道走向与地震作用方向吻合的情况下损坏最大（首先是地下管道破坏）。当地下管道纵轴（甚至大口径）与地震作用方向垂直时，损坏是不明显的。

地下管道通常由管段和管道附件（弯头、三通和阀门等）组成。地震时一般有 3 种基本破坏类型：①管道接口破坏；②管段破坏；③管道附件与其他地下结构连接的破坏。其中一般以管道接口或接头破坏居多。地上管道最常见的破坏是混凝土支架破坏，出现管道从管架上滑落的情况，这种损坏一般是最严重的，修复需要很长时间。地上管网的破坏因素包括：支承管道支架的过大变形而造成的管道破坏，如管道直接放置在房屋墙壁上，因墙体倒塌造成的管道破坏即属此类；管道与管道支架连接不牢造成的管道破坏。

结合以上破坏原因，总结管线防灾对策如下：

（1）从管线材料及连接形式上考虑，管线材料应尽量选用抗震性能好的材料，如钢管和塑料管，而应淘汰掉易破坏的铸铁管等；在接口连接处应采用柔性接头。

（2）从管道敷设选址角度来看，应尽量避免选择湿软地基，应选择坚硬地段，如果不得不选择此类地基，在施工时应进行处理。

（3）从敷设方式上来考虑，安置在地沟内的管道震害最轻，直接埋在土里的次之，架空管道的破坏率较高，大多是由于支承管架、管桥被破坏以及邻近建筑物的倒塌所致。

（4）注意埋地管线抗震的薄弱部位的处理：接头处，出入地面处，与阀门、管线、设备及构筑物连接的部位以及软硬土交界的部位。另外，埋地直线管道的破坏主要由轴向变形过大所致。

传统的城市基础设施建设中各市政管线多是按各自的系统，随着城市发展地下管线日趋繁复，各种管线无序地争夺有限的地下空间，埋深不一，检修不便，保障供应能力受到干扰，路面反复开挖影响了城市道路通行功能的发挥建设。现代管线工程的发展方向是综合管廊的应用与发展。

另外，还应加强城市管线的管理。在管理方面，最前沿的技术是对综合管廊进行信息化管理，如在管道出入口装设传感器和探测器，管线的运行状况由传感器实时监视，各种情况即时反映在主控室。而且综合管廊中装有很多抽水泵和排水系统。一旦水管发生泄漏或出现其他事故，综合管廊的抽水泵或排气系统会自动启动。综合管廊内的照明措施也非常完备，沟内的光线亮度足以满足检修的要求，燃气管道及照明灯具都是防爆的。各种管道设置均采取了防地震措施，管道采用柔性接口，管道固定有一定的震动余量。

5.3　城市电力设施灾害及减灾对策

电力工业是关系国民经济全局的重要基础产业。电力设施是电能生产、输送、供应的主要载体，是重要的社会公用设施。

水电、火电、核电和风电分别占全国总装机的 20.5%、64%、2.1% 和 9.3%，据统计目前我国火电装机比重低于 70%，我国正逐渐降低火电等高能耗发电装机容量，逐步加大核能、风能等清洁能源的发电比例。

电力系统作为城市防灾减灾生命线工程的重要组成部分，一旦遭到自然灾害，不仅会产生影响电力系统正常工作的功能性破坏，也会造成生命线工程其他系统的关联性破坏。

城市电力设施供电系统主要包括发电厂设施—变电站—配电站—输电线路—用户。这些设施中任何一个元件遭到破坏都将影响到整个供电系统的正常运行。此外，随着清洁能源的推广和使用，海上风电破坏也越来越受到人们的关注。

5.3.1　电厂及输变电设施

目前电力设施灾害主要表现为地震灾害、风灾、冰冻灾害等。

例如，2003 年 4 月 12 日，广东河源遭受罕见的龙卷风袭击，205 座高压输电线杆塔、440 条线杆被折断或者刮倒。2016 年 6 月 23 日，江苏省盐城市阜宁县遭遇到强冰雹和龙卷风双重灾害。在吴滩镇立新村，路边树木和电线杆倒塌，城东水厂因供电设备毁坏已中断供水，部分地区通信中断。

部分输变电设施受灾状况如图5.40、图5.41所示。

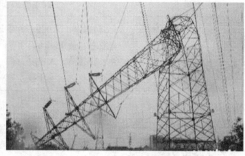

图5.40　风灾致使输电塔倒塌

除风灾外冰灾也是重要的致灾因素之一。2008年初，中国南方地区遭受了新中国成立以来罕见的持续大范围低温、雨雪和冰冻的极端天气，上海、浙江、江苏、安徽、江西、湖南、湖北、贵州、广西、四川等18个省（自治区、直辖市）均不同程度受到此次灾害的影响。2008年1月11日—31日，华中电网21305km 500kV输电线路中共发生故障263条次，跳闸171条次，受影响500kV线路共71条约8170km，停电用户1466万户。部分地区停电停水、通信中断、交通事故频发，当地人的生产生活受到极大影响，如图5.42所示。

图5.41　龙卷风造成电线杆倒塌

图5.42　冰灾致使输电线路受损

除了风灾与冰灾，地震灾害也是威胁电力系统安全运行的一种重要自然灾害。2008年汶川地震中，四川、甘肃、陕西多个变电站受到不同程度的损坏，位于震中的电力构筑物如主控楼、办公楼、开关室等多数发生倒塌。据不完全统计，震区电力系统110kV以上变电站停运数10座，电力负荷损失超过600万kW，110kV以上输电线路停运180余条，表5.4是汶川地震中四川、甘肃和陕西3省的电力设施震害统计情况。

表 5.4　　　　　　　　　汶川地震中部分省份电力设施的损失状况

省份	负 荷 损 失	发电能力损失	变电站损失	线路损失
四川	18 个市（州）的 72 个县（市、区）共计 314 万余户停电，损失负荷 322 万 kW	856 座电厂 1049.73 万 kW 装机解列，停运发电容量 73.34 万 kW；岷江干流上的铜钟、映秀湾、太平驿、福堂水电站和渔子溪支流的耿达、渔子溪水电站受损严重	296 座 35kV 及以上变电站停运	3114 条 10kV 及以上线路停运，其中 35kV 及以上线路 447 条
甘肃	8 县 1 地区共计 79 万用户停电，损失负荷 34 万 kW	3 座水电站解列	2 座变电站停运	196 条 10kV 及以上线路停运
陕西	共计 25 万余用户停电，损失负荷 187 万 kW	7 座电厂不同程度受损	4 座变电站停运	109 条 10kV 及以上线路停运

2011 年东日本大地震中的 15 座火力发电厂中共 81 台发电机组，地震发生时有 63 台机组正在运行，地震发生后有 13 台机组停止运行，总的发电量大概减少 30%，其中太平洋沿岸的广野（3800MW）、常陆那珂（1000MW）和鹿岛（4400MW）3 座火力发电厂就有 7 台运行中的机组停止工作，除了液化现象突出外，海啸造成大量电气设备浸水，3 座电厂的部分破坏状况如图 5.43～图 5.45 所示。

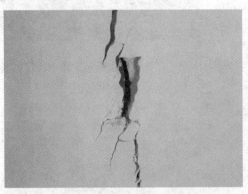

（a）穿墙套管破坏

（b）冷凝泵破坏

（c）厂房道路破坏

（d）管道破坏

图 5.43（一）　广野火力发电厂破坏情况

（e）水箱变形　　　　　　　　　　　（f）堤岸破坏

图 5.43（二）　广野火力发电厂破坏情况

（a）场地液化　　　　　　　　　　　（b）地基沉降

（c）道路破坏　　　　　　　　　　　（d）传送带破坏

（e）支架倒塌

图 5.44　常陆那珂火力发电厂破坏情况

（a）海啸过后发电厂

（b）油罐锚栓被拉出

（c）幽雅防震器折断

（d）机组设备周边液化

（e）消防水泵房下沉、墙体破坏

图 5.45　鹿岛火力发电厂破坏情况

图 5.46　地震使置于电杆上的变压器倾斜

在地震作用下，输电线路的变压器发生不同程度的破坏，例如发生位移以及锚栓发生断裂现象。图 5.46 所示为电杆上的变压器倾斜状况。

变压器属于高压电气设备，存在头重脚轻的问题，地震时由于顶部质量大，结构底部所受到的弯矩大，极易在根部折断，应不仅仅单独考虑变压器的抗震设计，还应考虑连接构件整体的抗震性能设计，提高锚栓和连接构件的强度。

其他电力设施的破坏案例如图 5.47～图 5.49 所示。

图 5.47　电力设施中绝缘套管的破坏

图 5.48　避雷器的破坏

（a）夜森线 27 号铁塔倒塌

（b）猪苗代干线 265 号铁塔塔基变形、局部材料屈曲

图 5.49　电塔（杆）的破坏

5.3.2　风电设施灾害实例及减灾对策

电力抗灾在国外通常是土木的一个重要领域，在我国目前来讲对此重视度尚不高，应加大开展电力系统的抗震研究，推广使用先进可靠的新技术和新装备，提高电力系统的防灾能力。

近年来，国家对清洁能源特别是风电的发展给予了很大的政策支持，我国海上风电产业也正在迅速崛起。海风是永久性的绿色能源，和陆上风力资源相比，海上风力资源有着风速大、风向稳、开发效率高、占用土地少等优点。

　　我国海上风力资源储量丰富，东部沿海及近海具备规模化开发的基本条件。目前上海、江苏、浙江、辽宁和山东的沿海地区都在进行海上风电场的规划建设。风电所占比例逐年增加，风电塔的建设规模也呈现逐年增大的趋势。然而发展海上风电产业，也面临着前所未有的困难，海上风电场处于海洋环境中，水文、气象条件和海底地质条件都非常复杂。

　　风电塔的建设地区范围很广，包括：山地、沙漠及近海等环境复杂地区。在这些复杂环境中，高温、高湿、严寒交替、海盐腐蚀等容易造成风电塔的劣化和损伤。图 5.50、图 5.51 所示为风电塔塔架及基础发生局部锈蚀。图 5.52 所示为风电塔遭受风、浪荷载循环作用。长期的恶劣服役环境下

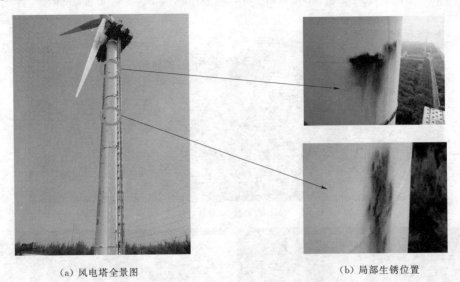

（a）风电塔全景图　　　　　　　　　　　　　　　（b）局部生锈位置

图 5.50　风电塔塔架局部锈蚀

海上风机腐蚀孔洞

图 5.51　海上风机腐蚀

使得风电塔在台风和地震作用等突发荷载下更容易产生破坏。例如，2003 年日本宫古岛遭遇 30 年间最大台风（14 号台风）的袭击，其周边建设的风电场遭到严重破坏，如图 5.53 所示。2011 年 3 月 11 日东日本大地震造成了震区周边陆上风电塔的倾斜和不均匀沉降，如图 5.54、图 5.55 所示。2015 年，苏迪勒台风使位于北海岸以及台中环港北路沿线的风电塔受损严重，更有 8 座风力电塔折损或倒塌。风电塔塔架结构的破坏的典型形式包括：塔架屈曲、折断、倾倒，塔架基础破坏等。

图 5.52　风、浪荷载循环作用

图 5.53　宫古岛风电塔架倾倒

图 5.54　风电塔发生倾斜

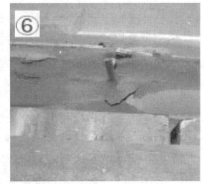

图 5.55　地基液化使风基发生沉降

风机所处的复杂环境往往会造成部分风机基础结构局部腐蚀破损，甚至整体结构破坏，大大缩短风机机组服役时限，造成巨大的经济损失。对于处于海洋环境中的风机，浪溅区和潮差区供氧充分、日照充足、海水的周期湿润、含盐粒子量大造成了该区腐蚀特别严重。浪溅区和潮差区由于浸泡率低，应急保护效果不理想。采用涂装的方法，浪溅区的涂层比其他部位脱落得快；在潮差区易受波浪以及漂浮物的冲击，漆膜易受损。而且钢表面易附着微生物，常常受冲击脱落而夹带漆膜，使钢材发生局部腐蚀。因此，浪溅区和潮差区是防腐重点应考虑的区域。

台风灾害对风电场的影响包括极端风速、突变风向和非常湍流等。这些因素单独或共同作用往往使风电机组不同程度受损，如叶片因扭转刚度不够出现通透性裂纹或被撕裂，风向仪、尾翼被吹断，偏航系统和变桨系统受损等，甚至导致风电机组倒塌（图 5.56、图 5.57）。

图 5.56　风机整体倾覆

2006 年 8 月，台风"桑美"登陆我国东南沿海，浙江苍南鹤顶山风电场有 2 台 750kW 风力发电机组因台风风速过大、结构不能满足抗倾覆要求而被"连根拔起"，有 3 台 600kW 的风力发电机组因塔筒底部失效而倾倒，有 15 台风力发电机组叶片损毁，如图 5.58 所示。

在"桑美"台风中心登陆过程中，气象站 10m 高度的 3s 平均极大风速为 68m/s，而当地风电场苍南测风塔 45m 高度的 10min 平均最大风速为 60.1m/s、极大风速为 81.1m/s，从而造成风机被吹倒。

风机整体倾覆主要是由于此台风机基础采用二次浇筑而成，先浇筑一块正方形的钢筋混凝土底板，然后再将基础环置于该底板上进行第二次浇筑，两部分通过预留插筋连成一体，二次浇筑严重破坏了结构的整体性，插筋数量、强度及锚固长度又不满足抗台风要求，结构形式不合理、结构尺寸及埋深过小等。

在台风作用下，风轮和机舱位置因大风作用扭转了方向，由于偏航液压刹车的作用，以及偏航驱动机构的减速系统自身的自锁机构，在转向的过程中受到损害。塔筒中最薄弱的环节应是塔筒底部，因为此位置承受最大弯矩和弯应力，在台风作用下容易发生损坏。

风力发电机组所用叶片长度通常在 20～50m，采用柔性设计，刚度远远小于基础和塔筒，叶片根部折断、叶片局部破损脱落是主要的失效模式。叶片根部承受的弯矩和剪力最大，叶片根部容易

（a）塔筒折断(1)

（b）塔筒折断(2)

（c）螺栓拉断

图 5.57 风机塔筒失效

（a）叶根折断

（b）叶片脱落

图 5.58 风机叶片失效

折断。一般来说，叶片会同时承受弯矩、扭矩及剪力，在三者共同作用下，叶片会在局部缺陷处形成纵向、横向 2 条主裂纹，在反复荷载持续作用下，裂纹逐渐扩展为裂缝，在纵向裂缝与横向裂缝完全贯通时，叶片局部脱落而损毁。

　　风机地基液化震陷是饱和的砂土在地震液化后形成的地层及塔体的附加沉陷，地震荷载作用下饱和砂土地基上建筑物的震陷是常见的地震破坏现象之一，是涉及地震作用下土体变形的典型震害，而且震陷大多数是不均匀的，不均匀震陷能够造成塔体的倾斜等破坏现象。因此，震陷导致的严重灾害日益受到人们的重视。

从图 5.59 可以看出，风电塔基础处每个锚栓及锚环从基础混凝土拔起，塔架脱出。塔架中央部位发生屈曲破坏，叶片折断（图 5.60～图 5.62）。塔架基础遭到破坏时导致周围停电，丧失了降低风力发电设备风荷载的偏航角及变桨控制功能。

图 5.59　塔架基础破坏

图 5.60　塔架中央部位屈曲

图 5.61　塔架开口处屈曲

图 5.62　叶片折断、屈曲破坏

2008 年 9 月 28 日，台风"蔷薇"袭击台湾，造成台中港海岸 2 号风电塔倒塌，如图 5.63 所示，法兰连接处发生断裂。

保障风电塔的安全运营，应从设计、施工、运行机理及维护几个环节着手，四者缺一不可。在设计方面，应采用新的技术与方法提高风电塔的设计可靠性。例如，2010 年修订的日本《风力发电设备塔架结构设计指南及解说》指出对超过 60m 的风力发电机塔架需采用动力时程分析法计算地震作用。对塔架、锚固部位和基础的结构计算，要求能抵抗极端罕遇地震。在施工方面，应注意减少拼接和焊接空隙和裂缝。在运营方面，需对在役风电塔进行现场监测，以如东潮间带风电塔为例，对风电塔基础的冲刷深度（图 5.64）及结构动力响应进行现场监测。

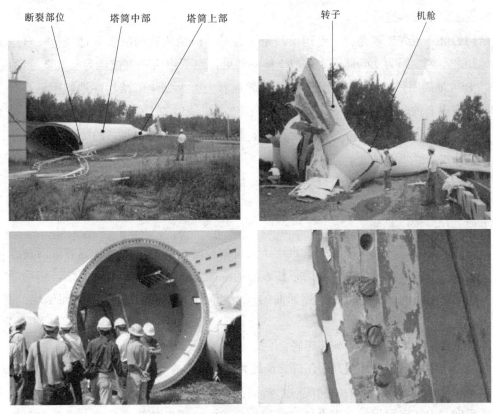

图 5.63 风电塔倒塌

图 5.64 海洋生物对风电塔桩基的影响

5.4 铁路、地铁破坏分析及对策分析

地下铁道具有大运量、高车速的特点，是一种超大客流运输的绝好工具，而且不占用地面道路，不干扰地面交通，因此，在较发达的大城市中应用越来越广泛。国外不少大城市的地铁承担的客运量在公交客运系统中发挥着骨干作用。但是正因其在地下，而且运量大，一旦发生灾害，损失将非

101

常严重，修复工作也很难进行。

地面结构的抗震研究比较充分，各国已制定了各种地面结构物的抗震设计规范，对地下结构的地震破坏却知之不多。因为受到周围岩体或土体的约束，地下结构一直被认为具有良好的抗震性能。1995 年的阪神大地震中，地铁结构的破坏，为世界地震史上大型地下结构在地震中遭受严重破坏的首例。在神户市内 2 条地铁线路的 18 座车站中，神户高速铁道的大开站、高速铁道长田站及它们之间的隧道部分，神户市营铁道的三宫站、上泽站、新长田站、上泽站西站的隧道部分及新长田站东侧的隧道部分均发生严重的破坏。

神户地铁结构破坏具有以下重要特点：

（1）不对称结构发生的破坏比对称结构严重。

（2）上层破坏比下层严重。

（3）车站的破坏主要发生在中柱上，出现了大量的裂缝，有斜向裂缝，也有竖向裂缝，裂缝的位置有偏于上、下端的，也有位于中间的；柱表层的混凝土发生不同程度的脱落，钢筋暴露，有的发生严重的屈曲，有单向屈曲，也有对称屈曲的；大开间有一大半中柱因断裂而倒塌。有横墙处，中柱破坏较轻。

（4）地下结构上部土层越厚，破坏越轻。

（5）站房上层中柱的中间部位几乎压碎，而线路段中柱仅在中间位置出现竖向裂纹。

（6）纵墙和横墙均出现大量的斜向裂纹，特别是在角点部位。顶板和侧墙也受到不同程度的损害，且破坏程度与中柱密切相关；当中柱破坏较为严重时，顶板和侧墙就会出现很多裂缝，以致坍塌、断裂等。

（7）区间隧道的破坏形式上主要是裂缝，其中多为侧墙中部的轴向弯曲裂缝。在接头处也有损害：混凝土脱落、钢筋外露以及竖向的裂缝。在破坏严重处，中柱的上、下端也有损坏。

除了地震对地铁产生的破坏作用以外，地铁还可能受到水灾、火灾等灾害的影响。具体实例见分析图例。地震时正在运行的地铁，由于地震作用的影响，地铁车厢脱离轨道，撞到了轨道旁的防护墙上（图 5.65），图 5.66 所示为遭遇洪水灾害下的首尔地铁车站。

图 5.65　地铁轻度脱轨　　　　　　　　图 5.66　韩国首尔地铁涌进洪水

地铁的大开间破坏（图 5.67）的震害概要：

一般情况下，地铁皆为大开间结构，地震时，上部梁发生了塌陷，整个结构的破坏较为严重。

破坏机理：破坏原因是由于地下结构的开间较大，地震时，在梁跨中的部位容易产生较大的弯矩，从而导致整个结构的破坏。

图 5.67　地铁的大开间破坏

对策例：对于地铁的设计，应综合考虑围岩条件和结构特点，注重改善薄弱环节的受力。

地铁发生火灾（图 5.68）的震害概要：

2003 年 2 月，韩国大邱市地铁发生火灾，导致 340 余人伤亡。大火燃烧接近 3 个小时，两辆失火列车 12 节车厢全部烧毁。

破坏机理：由于地铁车站是一个密闭的空间，而且空间相对狭小；人员出入口同风口数量有限；自然通风条件差，灾时能见度大大降低，烟气危害更大，给逃生造成困难。

对策例：对于此种灾害，可以在地铁站内采用防火不燃的装修材料，并且在顶面设置火灾烟气预警装置。

图 5.68　地铁的火灾

地铁发生水灾（图 5.69）的震害概要：

连夜暴雨使日本福冈县中心地区 19 日积水超过 1m 深，暴雨袭击日本九州北部时，福冈县的地铁线路被洪水淹没，城市交通陷于瘫痪。

破坏机理：暴雨引发的洪水没过出入口导致了大量进水。

对策例：对于此种灾害，有关部门应加强对灾害的预警，地铁公司应在地铁车站出入口做好防洪工作，可以事先准备挡水板和沙袋，防止雨水流入地铁站内。另外，可以在地铁站的入口处设计几个台阶，这样可以提高地铁的防洪能力。

铁路的铁轨在地震中发生弯曲（图 5.70）的震害概要：

地震时，铁路的铁轨发生了弯曲的现象，造成整个铁路正常使用功能的丧失。

破坏机理：地震时，由于地基土发生了砂土液化，造成了地基的不均匀沉降，因此导致了铁轨随之发生了不均匀的变形，导致铁轨弯曲不能正常使用。

对策例：进行铁路的建设时，一方面应注意选址，尽量选择坚硬的场地，若场地不是很理想，应采

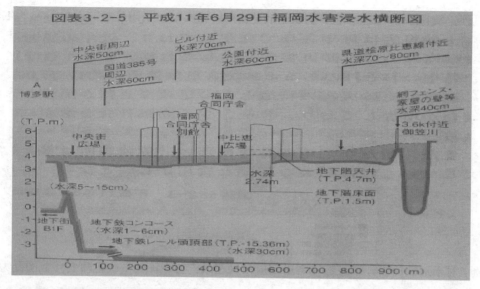

图 5.69 地铁的水灾

图 5.70 铁轨在地震中的弯曲

取一定的措施防止砂土液化,使场地的条件得到改进。

综合以上地震震害的破坏实例,地铁抗震防灾对策如下。地震变形的主要影响首先表现为使边角连接处脱开以及脆性面层材料开裂。因此结构和建筑上的各细部应考虑到这种情况而加以注意。结构上明显的不连续部分,例如车站进口通道和车站的主体结构的连接处,是最容易损坏的。

另外,从设计角度来讲,对于地铁的抗震应区别不同的围岩条件和施工方法,根据地下结构在地震作用下的受力和破坏特点有针对性地采取抗震措施。抗震构造措施是提高罕遇地震时结构整体抗震能力、保证其实现预期设防目标、延迟结构破坏的重要手段,它可以充分发掘结构的潜力,在一定条件下,比单纯依靠提高设防标准来增强抗震能力更为经济合理。

这方面工作的重点应放在改善薄弱部件的受力和提高结构构件的延性及耗能能力上。有关地铁工程抗震构造方面存在的其他问题还很多,如抗震缝的设置原则和方法,后砌的内部承重结构和非承重隔墙的抗震构造要求等。目前我国对地铁车站及区间隧道等地下结构抗震设计中结构构件应采用的抗震构造措施还缺乏统一认识,有待进一步的研究。

本 章 参 考 文 献

[1] 四川省建筑科学研究院. GB 50367—2013 混凝土结构加固设计规范 [S]. 北京:中国建筑工业出版社,2014.

［2］ 赵立岩．桥梁抗震管理系统研究［D］．同济大学，2006．

［3］ 李悦，宋波，黄帅．地震时作用于深水桥墩上的动水力及对桥墩动力响应的影响［J］．北京科技大学学报，2011，33（3）：388－394．

［4］ 范立础，胡世德，叶爱君．大跨度桥梁抗震设计［M］．北京：人民交通出版社，2001．

［5］ 叶爱君．桥梁抗震［M］．北京：人民交通出版社，2002．

［6］ 宋波，黄付堂，毕泽锋，等．连梁装置游间量设置对弯桥动力特性的影响［J］．工程科学学报，2015，37（9）：1230－1238．

［7］ 张立明．Algor、Ansys 在桥梁工程中的应用方法与实践［M］．北京：人民交通出版社，2003．

［8］ 范立础、王志强．桥梁减隔震设计［M］．北京：人民交通出版社，2001．

［9］ 胡永立，张尊科．城市高架曲线桥不同水平地震作用下位移响应对比研究［J］．特种结构，2016，33（4）：52－59．

［10］ 周云．桥梁震害与减震防灾新对策［J］．世界地震工程，1997，13（1）：8－15

［11］ 宋波，程景霞，王彦旭，毕泽锋．橡胶防撞垫片参数对曲线桥力学特性的影响［J］．2016，33（4）：82－89．

［12］ 范立础．桥梁抗震［M］．上海：同济大学出版社，1997．

［13］ 宋波，李吉人，王海龙，等．考虑潮位及动水压力影响的在役海上风电塔地震响应分析［J］．建筑科学与工程学报，2015（2）：35－41．

［14］ 宋波，黄付堂，曾洁．强震作用下风电塔损伤特征与振动台试验研究［J］．地震工程与工程振动，2015（5）：137－143．

［15］ 李凯文，宋波，黄帅．考虑流固耦合效应的海上单桩式风电塔动力响应研究［J］．建筑结构学报，2014（4）：318－324．

［16］ 宋波，曾洁．风电塔非线性地震动力响应规律与极限值评价［J］．北京科技大学学报，2013（10）：1382－1389．

第6章　建筑结构典型灾害事例与解说

地震中建筑物的破坏一般包括基础破坏和结构体破坏。基础破坏的原因包括砂土液化导致的基础不均匀沉降，如基础沉陷或倾斜、滑坡等；结构体破坏（图6.1）包含众多因素。按结构体建筑材料的不同，可将其分为钢筋混凝土建筑物的破坏、钢及钢骨结构建筑物的破坏、砌体结构和木结构建筑物的破坏等。

图6.1　建筑结构体的破坏

本章以地震灾害为例，着眼于钢筋混凝土结构、钢结构与钢骨结构、砌体结构、木结构等不同建筑结构的典型震害以及抗震防灾对策，从基础破坏和结构破坏两方面对建筑震害事例和防灾对策进行了介绍，并阐述了基于大数据的既存建筑评估与改造技术。

6.1　建筑结构破坏

6.1.1　建筑结构基础破坏概述

1. 地基不均匀沉降的病害实例及对策

地基沉降是指地基土层在附加应力作用下压密而引起的地基表面下沉。过大的沉降，尤其是不均匀沉降，会使建筑物发生倾斜、开裂以致不能正常使用。1995年日本阪神大地震中，神户港等地区地面发生下沉、倾斜，地基发生不均匀沉降，造成地面隆起（图6.2），对建筑结构地基产生了一定的影响。

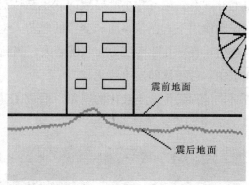

图 6.2　建筑地基的不均匀沉降及示意图

《建筑抗震设计规范》（GB 50011—2010）中明确规定了建筑区选址的要求，工程建设应尽可能避开不利地段，对于甲、乙类的建筑，禁止在危险地段建造。尤其对于潜在的砂土液化区，应进行液化程度判别，并采取相应的对策。

2. 滑坡的病害实例及对策

滑坡是指斜坡上的土体或者岩体，受河流冲刷、地下水活动、雨水浸泡、地震及人工切坡等因素影响，在重力作用下，沿着一定的软弱面或者软弱带，整体或分散地顺坡向下滑动的自然现象。运动的岩（土）体称为变位体或滑移体，未移动的下伏岩（土）体称为滑床。如图 6.3 所示，在地震时，土体大量下滑，使得基础与上部结构结合处的界面裸露，建筑物的使用安全受到严重的威胁。

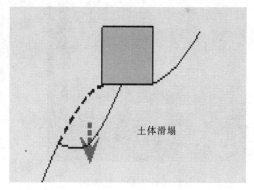

图 6.3　滑坡破坏及其示意图

滑坡是地震作用下的一种常见次生灾害，会导致建筑物基础破坏，进而导致建筑物的整体性破坏。由图 6.3 可见，在边坡倾斜度较大地区，由于土体的下滑力大于摩擦力而导致土体大量下滑。为避免建筑物发生此类破坏，要注意工程场地的选择，对于不符合抗震要求的对象应采取适当的加固措施。

3. 砂土液化的灾害实例及对策

砂土液化是指饱和的疏松粉、细砂土在振动作用下突然丧失承载力而呈现液态的现象，由于孔

107

隙水压力上升，有效应力减小所导致的砂土从固态到液态的变化现象。其机制是饱和的疏松粉、细砂土体在振动作用下有颗粒移动和变密的趋势，对应力的承受从砂土骨架转向水，由于疏松粉和细砂土的渗透力不良，孔隙水压力会急剧增大，当孔隙水压力增大到总应力值时，有效应力降到 0，颗粒悬浮在水中，砂土体即发生液化。

地震时，地面发生砂土液化的现象，造成了建筑物大量下沉和不均匀沉降，导致建筑物发生倾斜（图 6.4），并引发建筑物破坏。

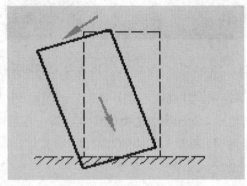

图 6.4　建筑物在砂土液化中的倾斜与沉陷及其示意图

液化使得地基土的抗剪强度丧失，造成建筑物下沉及不均匀沉降。对存在液化土层的建筑地基应通过观察建筑物的沉降情况，测量两侧不同的沉降量等数据，并对土样进行采集和分析后，根据建筑的抗震设防类别、地基的液化等级采取抗液化措施，以部分或全部消除地基液化，并对上部结构采取合理的措施以减轻液化的影响。

图 6.5　建筑物基础失稳导致破坏

4. 基础失稳的病害实例及对策

1995 年阪神地震中一建筑物倒塌，堵塞整条公路（图 6.5），但结构体本身并未发生明显的毁坏。

在地震作用下，图 6.5 中建筑物由于基础失稳发生破坏。其主要原因是基础设计不规范，其承载力的设计值不能满足抗震要求。保证结构基础具有足够的承载力承受上部结构重力荷载和地震作用，提高上部结构的良好嵌固、抗倾覆能力和整体性能，是减少和避免此类破坏发生的有效措施。

6.1.2　钢筋混凝土结构的破坏

我国的多层和高层房屋设计中大都采用钢筋混凝土结构形式，根据房屋的高度和抗震设防烈度的不同分别采用框架结构、抗震墙结构、框架-抗震墙结构、筒体结构等。其破坏（图 6.6）原因包括：平面刚度分布不均匀、不对称产生的震害、竖向刚度突变产生的震害、防震缝处理不当产生的震害、柱的震害、梁的震害、梁柱节点的震害、墙体的震害等。

图 6.6 钢筋混凝土结构的破坏

对于钢筋混凝土建筑，应选择合理的基础形式，保证基础有足够的埋置深度，条件适宜应设置地下室；结构的自振周期应避开场地的特征周期，以免发生共振而加重震害；平面及竖向布置应规则，避免突然变化，对于平面和竖向布置不规则的结构应采取抗震措施，保证结构整体的预期性能。

下面将通过破坏实例对钢筋混凝土结构的震害形式进行分析。

1. 大开间结构的破坏实例及对策

图 6.7 为大开间结构，底层多用于车库或商店，地震时，由于开间较大，建筑物整体刚度不连续，建筑物的底层发生损毁崩塌，整个建筑物发生侧倾。

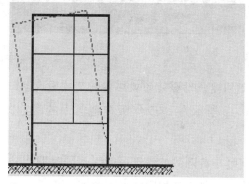

图 6.7 大开间结构破坏及其示意图

地震灾害发生时，由于其开间较大，使得整个构筑物上部重量较大下部较小，造成头重脚轻，强震时容易造成破坏。根据《建筑抗震设计规范》（GB 50011—2010）规定，要注意把握建筑体型，使质量与刚度均匀变化，确保抗震设计的正确实施。

2. 结构明显变异区的破坏实例及对策

图 6.8 所示为钢筋混凝土结构，中间层为结构体系明显变化区，在地震作用下，此建筑的一整

图 6.8 结构明显变异区的破坏

层楼全部倒塌，整个结构发生了较为严重的破坏。

结构发生明显变异区的原因是大开间或结构明显变异区为结构软弱部位，承载力较差，地震时往往在此薄弱部位破坏。在高烈度区，应尽量避免将建筑物设计成大开间的结构，对结构明显变异区应采取局部构造措施和抗震设施，保证结构的整体抗震性能。

3. 竖向刚度突变建筑物的破坏实例及对策

图 6.9 中钢筋混凝土结构为异型建筑，1995 年阪神大地震时，此结构产生了较大的裂缝和倾斜，丧失了使用功能。

结构沿竖向的质量和刚度有过大突变时，突变处应力集中，在地震中往往形成薄弱层，产生较大的塑性变形，极易发生破坏。对于不规则的建筑结构，应从结构计算、内力调整、采取必要的加强措施等多方面加以仔细考虑，并对薄弱部位采取有效的抗震构造措施以保证建筑的整体抗震性能。

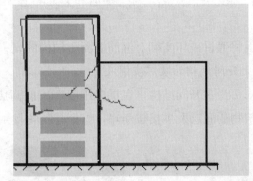

图 6.9 竖向刚度突变建筑物的破坏及其示意图

4. 不同建筑结合处的破坏实例及对策

图 6.10 所示为 1995 年阪神地震中的两建筑，在震后结合部位产生了较为严重的裂缝，最终破坏。

伸缩缝左右两侧的建筑可能为不同时期兴建、或者两者的建筑材料不甚相同，导致两者在交界面处不易结合，地震时产生不和谐振动而发生破坏。地震多发地区应尽量保证建筑物的整体性，保证其刚度、延性等的一致性，这样才能减少震区建筑物破坏的可能性。

5. 承重墙体剪切破坏实例及对策

图 6.11 所示建筑为剪力墙结构，其开窗较大，地震时在外纵墙的窗间墙上出现了较为明显的 X 形交叉裂

图 6.10 不同建筑结合处的破坏

缝，使整体结构遭到了破坏。

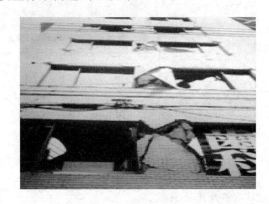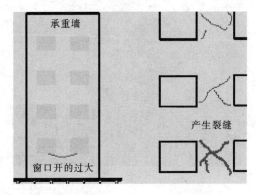

图 6.11　承重墙体剪切破坏及其示意图

承重墙发生剪切破坏的主要原因是墙体为承重构件，地震时受力复杂，而且窗间墙体洞口处受到削弱，使得墙体产生了 X 形裂缝，最终导致破坏。

6. 建筑物柱脚的破坏实例及对策

1995 年阪神地震中，许多建筑的破坏是由一层柱子的剪切破坏导致的。图 6.12 所示为钢筋混凝土结构，地震时一层柱子发生了剪切破坏，造成混凝土部分剥落，纵向钢筋裸露并弯曲。

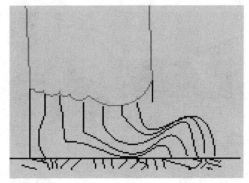

图 6.12　建筑物柱脚破坏及其示意图

建筑物柱脚的破坏大多是由于箍筋间距过大，箍筋所能抵抗的弯曲能力比较小，不能承受过大的侧向力，此时也会导致纵筋产生较大弯曲。为有效地防止柱子发生剪切破坏，应对箍筋进行加密设置，柱头和柱脚中箍筋间距应适当调整，以保证有足够的抵抗水平变形能力。

7. 建筑物柱顶的破坏实例及对策

图 6.13 所示为建筑物柱顶破坏实例及其示意图。由图 6.13 可知，地震作用下，钢筋混凝土结构柱的混凝土压碎崩落，纵筋和箍筋裸露。同时，柱内箍筋被拉断，纵筋被压曲成灯笼状，破坏较为严重。

发生此类破坏的主要原因是柱节点处弯矩、剪力、轴力都较大，受力比较复杂。此外，箍筋配置不足、锚固欠佳等也会造成柱顶的破坏。为减少或避免此类破坏的发生，可以采取加密箍筋配置

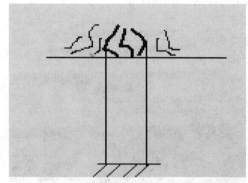

图 6.13　建筑物柱顶破坏实例及其示意图

或增大箍筋强度的措施来保证其抗震能力，同时锚固的长度也应符合规范的要求。

8. 建筑物柱子的破坏实例及对策

图 6.14 所示为钢筋混凝土结构短柱在地震作用下的破坏实例。地震发生时，柱子的混凝土保护层剥落，柱子发生了较为明显的破坏。当柱高小于 4 倍的柱截面高度即 H/b 小于 4 时将会形成短柱，而当短柱的刚度较大时，易产生剪切破坏。对于底层柱，柱根不应小于柱净高的 1/3；当有刚性地面时，除柱端外尚应取刚性地面上、下各 500mm。

图 6.14　地震对建筑物短柱的破坏及其示意图

图 6.15　角柱的破坏实例

图 6.15 所示为钢筋混凝土结构角柱在地震作用下的典型破坏实例。该柱混凝土压碎崩落，纵筋和箍筋裸露，且纵筋被压曲成灯笼状，破坏较为严重。此钢筋混凝土角柱处于双向受弯、受剪的状态，再加上扭转作用，其震害比内柱严重。为减少该现象的发生，在设计时应充分考虑多方向弯矩的作用，尤其是扭矩作用，正确分析构件的内力状态。通常采取的措施为在主筋外侧配剪切加强筋，在内侧作网状配置，以加强约束作用，此外应保证箍筋数目，使其发挥应有作用。

9. 建筑物节点的破坏实例及对策

图 6.16 所示为建筑物节点核心区产生对角方向的斜裂缝或交叉斜裂缝，混凝土剪碎剥落，节点柱纵向钢筋压曲等破坏。节点破坏的主要原因包括：节点抗剪承载力不足、约束箍筋太少、梁筋锚固长度不够、梁柱断面小以及施工质量差等。对于此种震害，在构筑物设计时，梁柱节点的承载力宜大于梁、柱构件的承载力，加密约束箍筋。

 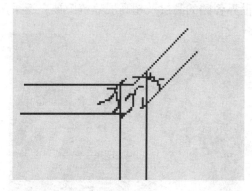

图 6.16 梁柱节点的破坏及其示意图

10. 砌体填充墙的破坏实例及对策

砌体填充墙刚度大而承载力低，且变形能力小，在地震作用下发生往复变形时，墙体往往发生剪切破坏。由图 6.17 可以看到，在地震作用下，此建筑出现明显裂缝，且有部分的倒塌，上部的破坏情况明显比下部的破坏情况严重。由于空心砌体墙的破坏较实心砌体墙严重，砌块墙较砖墙严重，因此应选择合适的墙体材料与类型作为填充墙，另外应加强框架与墙体之间的有效拉结。

图 6.17 填充墙的破坏

钢筋混凝土结构是目前房屋建筑中最为常见的一种结构类型，一般是钢筋承受拉力，混凝土承受压力。与砖结构相比坚固、耐久，与木结构相比防火性较好，与钢结构相比成本较低。

在地震作用下，钢筋混凝土结构也会发生与其他结构不同的震害，除以上所述的承重墙体剪切破坏、梁柱节点的破坏等典型震害外，还可能发生以下的破坏形式：

（1）位于较弱地基上的高大柔性建筑物，当结构自振周期与场地特征周期比较接近时，易发生类共振现象，有时即使烈度不高，但结构物的破坏比预计的严重得多。

（2）建于软弱地基土或液化土层上的框架结构，在地震时常因地基的不均匀沉降使上部结构倾斜甚至倒塌。

（3）防震缝两侧结构单元由于各自的振动特性不同，因此，在地震时可能会产生相向的位移。这时如果防震缝宽度不够，或者局部被填塞，则结构单元之间会发生碰撞而导致破坏。

（4）结构沿竖向刚度有突然变化，可能使结构在刚度突然变小的楼层产生过大变形，甚至倒塌。

6.1.3　钢结构与钢骨结构的破坏

钢材是适宜建造抗震结构的材料，其强度高、自重轻、材质均匀，因此结构的可靠性大；钢材的延性好，使结构具有很大的变形能力，即使在很大的变形下仍不倒塌，可以保证结构的安全性。因此在世界各国的高层及超高层建筑中被广泛采用，如图 6.18 所示。

图 6.18　采用钢结构建造的高层建筑

但是若钢结构房屋设计和制造不当，在地震作用下，仍可能发生构件的失稳、材料的脆性破坏以及连接破坏。例如，1976 年唐山大地震后，总面积 3.67 万 m² 的唐山钢铁厂的全钢结构房屋没有发生倒塌和严重破坏现象，但是产生了支撑失稳和围护墙倒塌等震害现象。

在对钢结构建筑进行设计时，其强度宜自下而上逐渐减小，避免形成薄弱部位产生应力集中和塑性变形；钢结构房屋的楼盖宜采用压型钢板、现浇混凝土组合楼板或非组合楼板；不超过 12 层的钢结构房屋可采用框架结构、框架-支撑结构或其他结构类型，超过 12 层时，宜采用偏心支撑，带竖缝钢筋混凝土抗震墙板、内藏钢筋混凝土墙板、筒体结构及其他消能支撑；此外钢结构房屋宜设置地下室，以提高上部结构的抗震稳定性、抗倾覆能力，增加结构下部整体性，减小沉降。

钢骨结构又称型钢混凝土结构，其研究始于 20 世纪初的欧美，现已成为组合结构的主要形式之一。与普通钢筋混凝土结构相比，型钢混凝土组合结构具有承载能力高、抗震性能好、经济指标好等优点，因此被越来越广泛地应用于高层与高耸结构、大跨结构和转换层结构等。

下面将结合图例对钢结构及钢骨结构的破坏及注意事项等情况进行分析和说明。

图 6.19 所示为柱子破坏导致结构整体倒塌的实例及其示意图。在 1995 年的阪神地震中，该建筑下部的柱子首先发生了屈曲破坏，从而导致了整个建筑的倒塌。由于结构楼层屈服强度系数和抗侧刚度沿高度分布不均匀造成了结构的薄弱层。我国《建筑抗震设计规范》（GB 50011—2010）中 8.1.6 条规定，采用屈曲约束支撑时，宜采用人字支撑、成对布置的单斜杆支撑等形式，不应采用 K 形或 X 形，支撑与柱的夹角宜在 35°～55° 之间。屈曲约束支撑受压时，其设计参数、性能检验和作为一种消能部件的计算方法可按相关要求设计。

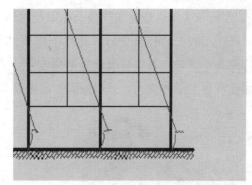

图 6.19 柱子破坏导致整体结构倒塌及其示意图

图 6.20 所示为建筑物支撑节点破坏实例及其示意图。地震时，成 X 形交叉的支撑下翼缘处出现了断裂的现象，丧失了其原有的作用。由于节点传力集中，构造复杂，施工难度大，易造成应力集中、强度不均衡的现象，再加上螺栓连接的一些构造缺陷，极易出现节点破坏。在高烈度区可采用骨形连接节点，验算钢框架节点处的抗震承载力，使在节点以外出现受弯塑性铰，保证节点处免于破坏。

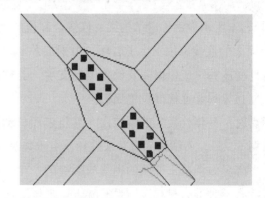

图 6.20 支撑节点破坏及其示意图

图 6.21 和图 6.22 所示为钢骨结构在地震作用下的破坏实例。地震作用下，简易钢骨结构房屋的抗震能力较差，承载能力不足。因此，在地震多发带应尽量避免采用简易钢骨结构。若不可避免地需要采用此类结构时，应增强结构的刚度和延性。

图 6.21 钢骨结构的破坏　　　　图 6.22 简易钢骨房屋的破坏

图 6.23 所示为钢骨造建筑的残余变形及其示意图。1995 年的阪神地震中，此钢骨建筑由于底层柱子失效产生了较大的残余变形，使整个建筑结构产生了一定程度的倾斜。为避免这种现象出现，梁柱构件的受压翼缘应根据需要设置侧向支承，在出现塑性铰的截面，上、下翼缘均应设置侧向支承；加强支承柱的承载能力，采取加固的措施防止其失效。

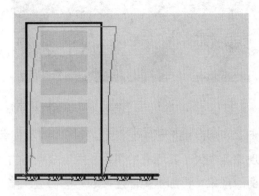

图 6.23　钢骨造建筑的残余变形及其示意图

图 6.24 所示为钢骨造结构梁、柱接合部位的破坏图。在地震作用下，冷弯成型的角形钢管柱与 H 形断面梁的连接部位发生了破坏。由于加劲肋设置不合理，梁柱构件结合处发生破坏。钢结构的梁柱构件受压翼缘应根据需要设置侧向支承，若柱在两个互相垂直的方向都与梁刚接时宜采用箱形截面，并在梁翼缘连接处设置隔板。

地震时一些年代较久的钢结构在其与表面材料结合的部位，即外墙部位极易发生裂缝、剥落等现象（图 6.25），而结构本身并未破坏。由于建筑结构的建造年代较为久远，混凝土外墙与钢骨间的黏合力下降导致混凝土外墙的剥落或裂缝的产生。对于此现象应加强混凝土外墙与结构体本身的连接，或掺入某种混合材料以增强混凝土外墙与钢骨结构间的黏结力。

图 6.24　钢骨造结构梁、柱接合部位的破坏　　　　图 6.25　装饰外墙的剥落

6.1.4　砌体结构与木结构的破坏

工程中常用的砌体结构房屋包括多层砌体房屋、底部框架砌体房屋和内框架砌体房屋。大量震

害表明：传统的砌体结构抗震性能较差。例如：1923 年日本关东大地震，东京约有砖石结构房屋 7000 栋，几乎全部遭到不同程度的破坏。1948 年前苏联阿什哈巴德地震，砖石结构房屋的破坏和倒塌率达到 70%～80%。1976 年唐山地震，对烈度为 10 度、11 度区的 123 栋 2～8 层砖混结构房屋调查显示，倒塌率为 63.2%，严重破坏为 23.6%，尚能修复使用的 4.2%，实际破坏率达 95.8%，其典型震害实例如图 6.26 所示。

图 6.26 砌体结构的破坏

多层砌体房屋在地震作用下发生破坏的根本原因是地震作用在结构中产生的效应（内力、应力）超过了结构材料的抗力或强度。从这一点出发，可将多层砌体房屋发生震害的原因分为以下 3 类：

（1）房屋建筑布置、结构布置不合理造成局部地震作用效应过大，如房屋平面布置突变造成结构刚度突变，使地震力异常增大；结构布置不对称引起扭转振动，使房屋梁端墙片所受地震力增大等。

（2）砌体墙片抗震强度不足，当墙片所受的地震力大于墙片的抗震强度时，墙片将会开裂，甚至局部倒塌。

（3）房屋构件（墙片、楼盖、屋盖）间的连接强度不足使各个构件间的连接遭到破坏，各构件不能形成一个整体，起到支撑作用。当地震作用产生的变形较大时，相互间连接遭到破坏的各构件丧失稳定，发生局部倒塌。

底层框架砌体房屋已有的震害资料主要是关于底层框架砖房的震害。当底层框架砖房的底层无抗震墙时，震害将集中在底层框架部分，主要表现为底层框架丧失承载力或因变形集中、位移过大而破坏。当底层有较强的抗震墙时，其震害现象与多层砌体房屋有许多共同点，一般是第 2 层砖墙的破坏较严重。

国内历次地震实际房屋的震害表明，内框架房屋顶层纵墙是薄弱环节，其次是底层横墙。砖墙的主要震害是上部塌落，外纵墙及砖壁柱产生水平裂缝或在窗间墙上产生交叉斜裂缝。内框架的主要震害是内柱顶端和底部产生水平裂缝或斜向裂缝，严重的会导致混凝土酥碎、崩落，钢筋压曲等。

砌体结构抗震性能差的原因包括：刚度大、自重大，地震作用也大；砌体材料质脆，抗剪、抗拉、抗弯强度低，地震作用下极易出现裂缝；受施工质量的影响较大；如砂浆不饱满，易出现裂缝，减弱抗震性能。

　　日本在阪神地震之前兴建的建筑有许多是木结构的。对于传统木结构建筑，由于年代较远，建材腐朽或结构不良，地震时墙体极容易产生裂缝或倒塌；屋顶塌落甚至导致构筑物整体的破坏或坍塌。1995 年阪神地震中大量的木造房屋发生破坏，如图 6.27 所示。由于木结构的承载能力较低，抗震能力较差，在高烈度区并不倡导采用木结构，地震之后应重新对这些建筑进行抗震性能评价。由于木结构美观且具有良好的舒适性，目前仍被采用，因此对其抗震性能的研究仍然具有重要意义。

图 6.27　木结构的破坏

　　图 6.28 所示为轻型木结构，在北美及日本仍有大量使用，这种类型的结构主要是以钢筋混凝土或砌体作为基础，上部结构采用木基结构板材以及其他工程木产品，其特征类似箱型结构。上部结构与基础之间通过锚栓连接，楼屋盖和剪力墙形成结构的主要抗侧力体系。地震时，水平地震力通过横向水平构件即楼盖和屋盖传至每层剪力墙，每层剪力墙将所受地震力相加传至底层剪力墙并传递到基础。

图 6.28　轻型木结构

　　下面将结合图例对砌体结构及木结构的破坏及防震注意事项等情况进行分析和说明。

　　图 6.29 所示为唐山市文化路青年宫，该建筑为砖混结构的 2 层楼房。由于底层的开间较大，7.8 级地震时，底层倒塌；而房屋的整体性又较差，上层墙体较弱，7.1 级地震时除四根门柱外，

全部坍塌。根据《建筑抗震设计规范》的规定，应增加纵横墙体的连接，加强整个房屋的整体性；通过加设圈梁，箍住楼盖，增强结构的整体刚度；减小墙体的自由长度，增强墙体的稳定性。另外，应提高房屋的抗剪强度，约束墙体裂缝的开展；抵抗地基不均匀沉降，减小构造柱的计算长度。

图 6.30 所示为开滦煤矿医院，该建筑为砖混结构的 5 层楼房（局部 7 层）。1976 年唐山地震发生后，仅西部的转角残存。此建筑个别部位的整体性特别差，平面或立面有显著的局部突出，且抗震缝设置不当，这些原因均导致了房屋的局部倒塌。应加强结构突出部位的抗震性能，考虑整体结构的抗震性能，使得结构具有一定的变形能力，例如可加设钢筋混凝土构造柱来提高对墙体的约束作用，达到提高结构整体抗震性能的目的。

图 6.29　砖混结构房屋的整体倒塌

图 6.30　砖混结构房屋的局部倒塌

图 6.31 所示建筑结构为砌体结构，地震时产生了外纵墙窗口的水平裂缝、横纵墙交界处的垂直裂缝以及窗间墙体的 X 形交叉裂缝。墙体在竖向压力和反复水平剪力作用下产生裂缝。当房屋纵向承重，横墙间距大而屋盖刚度弱时，纵墙平面内受弯产生水平裂缝；垂直裂缝大都发生于横纵墙交接处或变化较大的两种体系的交接处；X 形交叉裂缝多出现在窗间墙体。砌体房屋的抗震能力较差，其建设应符合规范的要求，所有纵横墙交接处及横墙的中部，均应设置加强构造柱。外墙转角、内外墙交接处、楼电梯间四角等部位，允许采用钢筋混凝土构造柱，

图 6.31　砖混结构墙屋顶倒塌

以防止裂缝的产生。同时窗间、楼梯间均为薄弱部位，因此应加强其整体性，且不宜开得过大。

图 6.32 所示为唐山市开滦煤矿的救护楼。该建筑为砖混结构人字木屋架的三层楼房。1976 年唐山地震中，墙体倾倒，屋顶坍塌。由于个别部位的整体性较差，纵墙与横墙间的联系不够，刚度差；砌体强度过弱，导致地震时墙倒顶塌。砌体房屋在设计时，楼、屋盖的钢筋混凝土梁或屋架，应与墙、柱（包括构造柱）或圈梁可靠连接，梁与砖柱的连接不应削弱柱截面，各层独立砖柱顶部应在两个方向均有可靠连接。

1995 年日本的阪神地震中许多的木结构建筑被毁。图 6.33 所示建筑为木结构。在地震中,其木造墙体发生了严重的破坏。木结构本身各部分的抗震能力较差,又由于年代较久远,木质材料腐朽等导致结构破坏。木构件应选用干燥、纹理直、节疤少、无腐朽的木材,且木柱、木梁房屋宜建单层,高度不宜超过 3m。地震多发地区的木造房屋应重新进行抗震性能评价,对于不符合规格的房屋应重建或者对其进行修缮。

图 6.32　砖混结构墙屋顶倒塌

图 6.33　木造房屋墙体的倒塌

　　图 6.34 所示结构是木质轻屋顶结构。1995 年阪神地震时此房屋产生较多裂缝,且发生倾斜,破坏较为严重。木结构本身存在着承载能力较差,抗震能力低等缺点,地震时极易发生破坏。对于此类建筑,可在外部添加钢筋混凝土面层、加设立柱和拉杆等。此外,采用斜撑和屋盖支撑结构时,均应采用螺栓与主体构件相连接。

　　图 6.35 所示木结构建筑在阪神地震中整体倒塌,图中破坏房屋旁边的建筑保持完好。破坏房屋的屋顶采用了较重的建筑材料,造成了结构头重脚轻,而柱子的部位较弱,因此地震时造成较为严重的破坏。普通木结构房屋往往抗震能力较差,因此在地震多发地区,应尽可能地采取抗震能力较强的建筑结构。若采用木结构,可以使用在梁枋下面支顶立柱的形式来加强其抗震能力,或者采用轻型木结构。

图 6.34　轻屋顶木造房屋的倒塌

图 6.35　木造房屋的整体倒塌

6.1.5　框架-剪力墙结构的破坏

　　框架-剪力墙结构是指在框架纵横向的适当位置,在柱与柱之间分别设置几道钢筋混凝土剪力墙而成的。在水平地震作用下，剪力主要由剪力墙承受，小部分剪力由框架承受，而框架主要承受重力荷载。

在汶川地震中，通过调查都江堰市公安局大楼、都江堰管理局大楼、中国电信大楼、岷江国际酒店等框架-剪力墙结构，发现剪力墙作为框架-剪力墙结构的第一道抗震防线，在地震中吸收了较多的能量，率先发生破坏，破坏的形式包括底层剪力墙根部或墙肢斜向裂缝、剪力墙底层根部混凝土局部压溃、剪力墙洞口上部 X 形裂缝等，如图 6.36 所示，且破坏程度随着楼层的增加逐渐降低。框架作为结构的第二道抗震防线，承担较小的地震作用，框架梁端、柱端和节点基本完好或轻微破坏，破坏程度明显低于纯框架结构的框架。

图 6.36　框架-剪力墙结构的破坏

框架-剪力墙结构在进行抗震设计时应遵循下列原则：

（1）在框架-剪力墙结构中应特别注意剪力墙沿高度的连续性，在进行承载力设计时要尽量保持截面设计承载力与地震反应相适应。

（2）框架-剪力墙结构由框架和剪力墙两种构件组成，不仅具有不同的初始刚度，更重要的是具有不同的延性或变形能力，为了避免在地震作用下发生倒塌，应考虑以下两种情况：如果地震作用不能由框架单独承受时，必须考虑在地震作用下产生的最大变形不超过剪力墙的变形能力；如果预期最大变形可能超过剪力墙的变形能力，则设计框架时应考虑剪力墙破坏时带来的附加荷载。

（3）框架-剪力墙结构在设计时应采取措施避免剪力墙和框架柱都在首层破坏，出现首层柔性的不稳定结构。例如加强框架柱，使底层的墙和柱不致同时出现铰，采用双肢剪力墙提高剪力墙的延性可以推迟底层墙铰的出现。

6.2　建筑结构抗震防灾对策

6.2.1　《建筑抗震设计规范》的发展历程

从 20 世纪 90 年代初开始至今，共出台了 1989 年版、2001 年版、2008 年局部修订版、2010 年版和 2016 年局部修订版的《建筑抗震设计规范》。

1989 年版规范的主要特点是：采用了以概率可靠度为基础的三水准（小震不坏、中震可修、大震不倒）设防，两阶段（小震下的截面抗震验算和大震下的结构变形验算）的抗震设计思想；提出了烈度为 6 度区的建筑抗震设防的要求；提出了建筑的重要性分类概念，以基本烈度和建筑重要性分类共同确定设防标准；采用了 4 类场地分类，并在地震作用计算中考虑近远场地震的影响；在地震作用计算方法中增加了结构时程分析法作为补充计算；同时还考虑了扭转和竖向地震效应的计算；在截面承载力验算中引入了抗震调整系数。

与 1989 年版规范相比，2001 年版规范的主要改进之处在于：在抗震设防依据上取消了设计近场地震、远场地震的概念，代之以设计地震分组概念；提出了长周期和不同阻尼比的设计反应谱；增加了结构规则性定义，并提出了相应的抗震概念设计；新增加了若干类型结构的抗震设计原则。

为适应汶川地震灾后重建的需要，基于 2008 年汶川地震震害经验的总结，国家相关部门对《建筑抗震设计规范》（GB 50011—2001）进行了局部修订，形成了 2008 年局部修订版本。主要修订内容为：对灾区设防烈度进行了调整，增加了有关山区场地、框架结构填充墙设置、砌体结构楼梯间、抗震结构施工要求的强制性条文，提高了装配式楼板构造和钢筋伸长率的要求等。

在 2008 年局部修订版本基础上，国家相关部门结合我国经济条件和工程实践，继续开展了专题研究和部分试验研究，调查总结了近年来国内外大地震的经验教训，采纳了地震工程的新科研成果，并在全国范围内广泛征求有关设计、勘察、科研、教学单位及抗震管理部门的意见，经反复讨论、修改、充实和设计，最后经审查定稿形成了《建筑抗震设计规范》（GB 50011—2010）的报批稿。2010 年 5 月 31 日，住房和城乡建设部正式批准并与国家质量监督检验检疫总局联合发布这一规范。本次修订后共有 14 章 12 个附录。

除了保持 2008 年局部修订的规定外，2010 年版《建筑抗震设计规范》主要修订内容是：补充了关于 7 度（0.15g）和 8 度（0.30g）设防的抗震措施规定，按《中国地震动参数区划图》调整了设计地震分组，改进了土壤液化判别公式，调整了地震影响系数曲线的阻尼调整参数、钢结构的阻尼比和承载力抗震调整系数、隔震结构的水平向减震系数的计算，补充了大跨屋盖建筑水平和竖向地震作用的计算方法；提高了对混凝土框架结构房屋、底部框架砌体房屋的抗震设计要求；提出了对混凝土框架结构房屋、底部框架砌体房屋的抗震设计要求；提出了钢结构房屋抗震等级并相应调整了抗震措施的规定；改进了多层砌体房屋、混凝土抗震墙房屋、配筋砌体房屋的抗震措施；扩大了隔震和消能减震房屋的适用范围，新增建筑抗震性能化设计原则以及有关大跨屋盖建筑、地下建筑、框排架厂房、钢支撑-混凝土框架和钢框架-钢筋混凝土核心筒结构的抗震设计规定。取消了内框架砖房的内容。

2016 年，中国建筑科学研究院会同有关的设计、勘查、研究和教学单位对《建筑抗震设计规范》（GB 50011—2010）进行了局部修订。本次局部修订的主要内容包括两方面：根据《中国地震动参数区划图》（GB 18306—2015）和《中华人民共和国行政区划简册 2015》以及民政部发布的 2015 年行政区划变更公报，修订了附录 A 中"我国主要城镇抗震设防烈度、设计基本地震加速度和设计地震分组"；根据各方反馈意见和建议，对部分条款进行了文字性调整。具体到条文，修改内容包括：明确了扭转不规则建筑的定义（第 3.4.3 条）；修改了扭转不规则建筑的抗震构造措施（第 3.4.4 条）；修改了可不进行桩基抗震承载力验算的建筑类型（第 4.4.1 条）；修改了抗震墙的配筋要求（第 6.4.5 条）；修改了纵横向砌体抗震墙的布置要求（第 7.1.7 条）；修改了偏心支撑框架构件的抗震承载力验算公式（第 8.2.7 条）；修改了钢结构抗侧力构件的连接计算的相关公式（第 8.2.8 条）；修改了柱脚设计应符合的要求（第 9.2.16 条）；修改了钢筋混凝土地下建筑的抗震构造要求（第 14.3.1 条）；修改了地下建筑的顶板、底板和楼板应符合的要求（第 14.3.2 条）。

6.2.2　《建筑抗震设计规范》的主要内容简介

1. 建筑抗震设防的目标

抗震设防以现有的科学水平和经济条件为前提，总体目标是：通过抗震设防，减轻建筑的破坏，避免人员死亡，减轻经济损失。

抗震设防的发展可分为 3 个阶段，即：单一水准设防、"三水准"的抗震设防及"性能设计"。

单一水准设防思想是我国《工业与民用建筑抗震设计规范》（TJ 11—74）、《工业与民用建筑抗震设计规范》（TJ 11—78）和目前许多国家采用的设防思想。其设防目标是：当遭遇相当于设计烈度的地震时，建筑物的损坏不致使人民生命财产和重要生产设备遭受危害，建筑物不需修理或经一般修理仍可继续使用。

"三水准"的抗震设防要求为：当遭受低于本地区抗震设防烈度的多遇地震影响时，主体结构不受损伤或不需修理仍可继续使用；当遭受相当于本地区抗震设防烈度的设防地震影响时，可能发生损坏，但经一般性修理仍可继续使用；当遭受高于本地区抗震设防烈度的罕遇地震影响时，不致倒塌或发生危及生命的严重破坏。简称为"小震不坏，设防烈度可修，大震不倒"。

我国现行的抗震设防目标是根据不同的水准用不同的抗震设计方法和要求来实现的，称为"三水准、两阶段"抗震设计方法，具体阐述如下：

（1）第一水准。建筑物在遭受频度较高、强度较低的多遇地震时，一般不损坏也不需修理。结构在弹性阶段工作，可按线弹性理论进行分析，用弹性反应谱求地震作用，按强度要求进行截面设计。

（2）第二水准。建筑物在遭受基本烈度的地震影响时，允许结构部分达到或超过屈服极限，或者结构的部分构件发生裂缝，结构通过塑性变形消耗地震能量，结构的变形和破坏程度发生在可以修复使用的范围之中。本水准的设防要求主要通过概念设计和构造措施来实现。

（3）第三水准。建筑物在遭受预估的罕遇的强烈地震时，不至于发生结构倒塌或危及生命安全的严重破坏，这时应该按防止倒塌的要求进行抗震设计。对脆性结构，主要从抗震措施上来考虑加强；对延性结构，特别是地震时易倒塌的结构，要进行弹塑性变形验算，使之不超过容许的变形限值。

两阶段设计方法，即建筑结构在多遇地震作用下应进行抗震承载能力验算以及在罕遇地震作用下应进行薄弱部位弹塑性变形验算的抗震设计要求，具体如下：

（1）第一阶段设计：对于结构设计，首先应满足第一和第二水准的抗震要求，先按多遇地震的地震动参数设计地震作用，进行结构分析和地震内力计算，考虑各分析系数和荷载组合系数等进行荷载与地震作用产生内力的组合，进行截面、配筋计算以及结构弹性位移控制，并采取构造措施保证结构的延性，使之满足第二水准的变形能力。这一阶段设计对所有抗震设计的建筑结构都必须进行。

（2）第二阶段设计：在大震（罕遇地震）作用下，验算结构薄弱部位的弹塑性变形，对特别重要的建筑和地震时易倒塌的结构除进行第一阶段的设计外，还要按第三水准烈度（大震）的地震动参数进行薄弱层（部位）的弹塑性变形验算，并采取相应的构造措施，以满足第三水准的设防要求（大震不倒）。

"三水准、两阶段"抗震设防是对单一水准设防的改进，是向"性能设计"发展的重要步骤。"性能设计"指的是根据工程的具体情况，确定合理的抗震性能目标、采取恰当的计算和抗震措施，实现抗震性能目标的要求。其要点如下：

（1）对抗震设计，规定相应的地震作用标准及重现期，见表 6.1。

表 6.1 　　　　　　　　　　地 震 作 用 标 准

地震作用水准	重 现 期	地震作用水准	重 现 期
常遇地震	43 年（新建），72 年（现有工程加固）	少遇地震	475 年（新建和现有工程加固）
偶遇地震	72 年（新建），225 年（现有工程加固）	罕遇地震	970 年（新建），2475 年（现有工程加固）

（2）建立建筑应满足的性能水准，见表 6.2。

表 6.2 　　　　　　　　　　建 筑 性 能 水 准

性能水准	要 　 求
正常使用	结构和非结构构件不损坏或很小损坏
可以暂时使用	结构和非结构构件需很少量的修复工程
生命安全	结构保持稳定，具有足够的竖向承载能力储备，非结构构件的破坏控制在保障生命安全范围
防止倒塌	建筑保持不倒，其余破坏都在可接受范围

（3）确立设防性能目标，见表 6.3。

表 6.3 　　　　　　　　　　设 防 性 能 目 标

地震作用水准	建 筑 性 能 水 准			
	正常运行	可暂时使用	生命安全	防止倒塌
常遇地震	a			
偶遇地震	e	b		
少遇地震	h	f	c	
罕遇地震	j	i	g	d

抗震设计的基本目标如下：一般使用要求的建筑应具备 a、b、c、d 项的组合；重要性较高或地震破坏后危险性较大的性能目标为 e、f、g 项的组合；对安全有十分危险影响的性能目标为 h、i、j 项的组合。

(4) 规定地震作用下结构变形的允许指标。应建立结构构件在规定的地震作用下的允许破坏水平，结构和非结构构件宏观破坏状态的描述和允许变形指标。为使建筑物达到规定的抗震设防要求，必须采取相应的抗震防灾措施，这些措施基本原理是：增强强度、提高延性、加强整体性和改善传力途径等。

2. 建筑抗震设计的基本要求

抗震设计时应尽可能地满足以下要求和原则：

(1) 场地的选择原则：避免地震时可能发生地基失效的松软场地，选择坚硬场地。在地基稳定的条件下，还可以考虑结构与地基的振动特性，力求避免共振现象。

(2) 体形均匀规整，无论是在平面或立面上，结构的布置都要力求使几何尺寸、质量、刚度、延性等均匀、对称、规整，避免突然变化。

(3) 提高结构和构件的强度和延性。

(4) 防止脆性与失稳破坏，增加延性。

(5) 多道抗震防线，使结构具有多道支撑和抵抗水平力的体系，以保证强地震过程中，一道防线破坏后尚有第二道防线可以支撑结构，避免倒塌。

6.2.3 震后评估与加固

1. 震后评估

震后评估是对已受到地震破坏建筑的震害程度、破坏等级进行现场快速判定，并按安全、危险和待定进行归类。其目的是为恢复重建对不同破坏等级的建筑进行不同的处理，即对评为安全的建筑，可在入口处张贴绿色标记告诉人们该处允许进入；评为危险的严禁使用，并在入口处张贴警示牌以告诫人们不要进入，如图 6.37 所示。不属于安全和危险的待定建筑，应暂停使用，必要时需采取排险措施，并根据相关规定进行详细评估、修复和加固。

图 6.37 警示牌

（1）场地环境的评估遵循以下原则。场地环境同时满足下列条件，评为安全：地震后建筑场地无明显变化；周边相邻建筑物对其无安全影响。

场地环境出现下列情况之一，评为危险：有对建筑造成直接危害的地质灾害（如滑坡、泥石流、滚石、液化等）的地段；有较宽地裂、较大震陷或隆起变形的地段。

（2）地基基础的评估遵循以下原则。地基基础同时满足下列条件，评为安全：地基保持稳定；地基基础无明显不均匀沉降（包括沉降、隆起、开裂等现象）；基础无明显平移、转动和变形。

地基基础出现下列情况之一，评为危险：地基出现明显液化；地基失去稳定；地基基础整体破坏；多数（指多于 50%）基础构件破坏。

（3）结构部分的评估遵循以下原则。结构部分满足下列条件之一，评为安全：结构构件无损伤；个别（指少于 5%）结构构件损伤轻微，不影响主体结构安全。

结构部分出现下列情况之一，评为危险：结构局部倒塌；多数结构构件破坏。

（4）非结构部分的评估遵循以下原则。非结构部分满足下列条件之一，评为安全：非结构构件无损伤；部分（指少于 50%）非承重墙体出现轻微裂缝、部分抹灰层剥落、部分吊顶等装饰局部散落，但不影响人员生命安全。

非结构部分出现下列情况之一，评为危险：多数非承重墙、女儿墙等局部倒塌或严重开裂；多数悬挑阳台、雨篷等掉落或根部严重开裂。

2. 震后加固

对建筑进行评估后，需根据评估结果采取相应加固措施。加固时，应遵循下列原则：

（1）应纠偏影响建筑正常使用的变形，修补影响结构的安全性或耐久性的裂缝，补强或替换发生屈曲的构件。

（2）当建筑物的平立面、质量，刚度分布和墙体等抗侧力构件的布置在平面不对称时或者结构竖向构件上、下不连续、刚度沿高度分布突变时，应针对薄弱环节采用增设构件、扩大原构件截面、设置钢构套、粘钢和高强钢绞线-聚合物砂浆面层等方法，提高结构整体刚度以及薄弱环节的承载能力。

（3）针对一些已经丧失抗震能力或者丧失对重力的承载能力的部件和构件，采用支撑法替换受损构件或者通过加大截面法提高结构的整体承载能力。

（4）当检测到结构材料的实际强度等级低于规定的最低要求时，应对整体结构进行抗震加固计算，针对不同部位出具相应的加固方案。

（5）当局部构件的尺寸和截面构造不符合要求时，应通过加大截面法提高该构件的配筋率、刚度等抗震构造要求。

（6）地震损坏建筑经修复加固后，质量和刚度宜均匀对称，不应存在因局部加强或突变而形成新的明显薄弱层或薄弱部位。

（7）当建筑物位于不利地段时，应对地基基础进行验算，当验算结果不符合抗震设计相关要求时，需对地基基础进行加固。

对于不合乎抗震要求的应拆除重建或采取相应加强措施。例如：在建筑物和构筑物外面增加水泥砂浆面层、钢筋水泥砂浆面层或钢筋混凝土面层，或喷射混凝土；加设圈梁、加设构造柱和加设拉杆。外加圈梁可采用现浇钢筋混凝土圈梁或加型钢圈梁；为防止房屋外纵墙或山墙外闪、屋架或梁端外拔，可采用拉杆进行加固。

目前，碳纤维材料被广泛应用于建筑物加固。碳纤维适用于钢筋混凝土受弯、轴心受压、大偏心受压及受拉构件的加固。其特点是：自重轻、厚度小，不改变结构外观；具有柔软性，能使用于圆形、弧形、异形等复杂外形的构件；抗拉强度大，能够提高构件的抗弯、抗剪和抗压承载力；防水、耐酸碱、抗腐蚀；施工品质易于控制，可进行破坏性检测；易于修复，具有抗老化的功能。

6.2.4 结构隔震与消能减震

1. 结构隔震

传统的抗震设计，利用材料的强度和结构构件的塑性变形能力来抵抗地震作用，使建筑物免遭不可修复的破坏或不至于倒塌。隔震技术则是采用特殊的措施来隔离地震对上部结构的影响，使建筑物在地震时只产生很小的振动，这种振动不致造成结构和设施的破坏，还能保证结构物上的重要设备、仪器仪表的正常运行。

建筑结构隔震体系包括上部结构、隔震层（由隔震装置或加设阻尼装置等组成）和下部结构三部分。其中，隔震层处于上部结构与基础之间（或某层间部位）。

基础隔震的概念早在 19 世纪已提出，广义的隔震方案则更是源远流长，如北京故宫就设有糯米加石灰的柔性减震支座层。现代的基础隔震理论和实践开始于 20 世纪 70 年代。基础隔震方案很多，如柔性层隔震结构（flexible first‐story building），此种隔震概念由 Martel 在 1929 年提出，由 Green（1935）和 Jacobasen（1938）进一步加以研究与完善；真岛健三郎于 1934 年也提出柔性层结构概念。地震时，柔性层进入塑性，结构的刚度变小，结构的基本周期延长，从而使上部结构所受的地震作用减小。

隔震橡胶支座（the laminated rubber bearing）隔震系统目前应用较多。南加州大学医院（The University of Southern California Teaching Hospital）采用了橡胶支座隔震系统，在某次地震中，这栋 8 层医院基础加速度为 $4.9g$，而顶层加速度只有 $2.1g$，加速度折减系数为 1.8。而未采用隔震橡胶支座的橄榄景医院（The Olive View Hospital）的底层加速度为 $8.2g$，顶层加速度为 $23.1g$，加速度放大系数为 2.8。由此可见橡胶支座隔震系统的优越性。

建筑物进行隔震设计时应满足以下要求：

（1）基础隔震房屋的设计地震，应与传统的基础固定房屋的设计地震相同，亦即对于建造在同一地区的基础隔震房屋和基础固定房屋，采用相同的设计地震动参数，例如相同的设计反应谱等。

（2）要求分析基础隔震房屋在相应于最大地震反应时的最大侧向位移性能，并进行相应的试验以取得可靠的数据。《建筑抗震设计规范》要求对基础隔震房屋进行竖向承载力的验算和罕遇地震作用下水平位移的验算。

（3）要求在设计地震作用下，基础隔震装置以上的房屋基本上保持弹性状态。

（4）对隔震器（或隔震支座）本身的要求：①在设计位移时，隔震器保持力学上的稳定；②隔震器能提供随着位移增长而增大的抗力，即抗力的增长与位移增长成正比；③在反复的周期荷载作用下，隔震器的性能不至于严重退化；④使用的隔震器有数量化的工程参数，例如力和位移的关系、阻尼等便于在设计中应用的参数。

（5）隔震设计应根据预期的竖向承载力、水平向减震系数和位移控制要求，选择适当的隔震装置及抗风装置组成结构的隔震层。

2. 消能减震

结构减震消能技术是在结构物的某些部位（如支撑、剪力墙、节点、连接缝或连接件、楼层空间、相邻建筑间、主附结构间等）设置消能（阻尼）装置，通过消能（阻尼）装置来消散或吸收地震输入结构中的能量，从而避免结构产生破坏和倒塌，达到减震抗震的目的。

消能减震结构体系不仅是一种十分安全可靠的减震体系，而且通过"柔性消能"的途径减少结构地震反应，改变了传统抗震结构中采用"硬抗"地震的方法，因而可以减少剪力墙的设置，减小构造断面，减少配筋，节约结构造价。此外，消能减震结构是通过设置消能构件或装置，使结构在出现变形时迅速消耗地震能量，保护主体结构的安全，因而结构越高、越柔，跨度越大，消能减震效果越明显。

常见的消能装置有：调频质量阻尼装置、调频液体阻尼装置、液压质量控制装置、黏弹性耗能装置、黏滞耗能装置、金属耗能装置等。例如，1972 年建成的 110 层纽约世贸大厦共安装了 1 万个黏弹性耗能装置；西雅图 76 层哥伦比亚大厦安装了 260 个黏弹性耗能装置；1988 年北京饭店和北京火车站在抗震加固中，分别采用了法国和美国生产的黏弹性耗能装置。

目前，许多国家在高层建筑的抗震设计方案中，已经采用了新技术，例如：美国纽约的 42 层高层建筑物，建在与基础分离的 98 个橡胶弹簧上；日本的建在弧型钢条上的防地震建筑物；前苏联的建在与基础分离的沙垫层上的建筑物，以及在中国使用的刚柔性隔震、减震、消震建筑结构与抗震低层楼房加层结构技术。这些技术改变了传统的插入式刚箍捆住内力（吸收地震能量）的结构体系，十分成功地应用于工程实践中。

以上简单介绍了结构隔震与消能减震，具体的将在第 9 章中详细介绍。

6.3 基于新方法的既存建筑统计与震害预测实例

6.3.1 大数据技术在城市区域建筑中的震害预测

我国除少数省份以外，都发生过 6 级以上破坏性地震。目前，我国城市存有大量抗震能力不足的既有住宅，据不完全统计，我国现有老旧房屋存量近 160 亿 m²。2015 年 5 月第五代《中国地震动参数区划图》（GB 18306）发布，多数城市区县设防目标较之前有不同程度的提高，因此，抗震能力不足的既有建筑数量将会大幅增加。本节基于互联网数据，结合政府数据及国家统计数据，通过对已有大数据进行分析，对城市既有住宅抗震能力进行了分析，为既存房屋建筑的评估与改造提供必要的支撑。

第五代《中国地震动参数区划图》发布后，随着所在地区设防目标不同程度的提高，抗震设防烈度由 7 度 (0.1g) 提高到 7 度 (0.15g)、8 度 (0.2g) 提高到 8 度 (0.3g)，地区的多层砌体房屋将成为最大的抗震危险源，而由 7 度 (0.15g) 提高到 8 度 (0.2g)，设防地区的已使用多年的砌体房屋将成为潜在的抗震危险源。因此，对于既存房屋建筑的评估与改造显得尤为重要。

世界各国的实践均表明，越是经济发达的地区和灾害频发的地区，各国对建设工程防灾问题重视程度也越高。我国正处于经济发展的阶段，随着城市的不断建设和发展，对于不同建造年代的城市既有建筑生命周期内抗震性能（图 6.38）、震害特性等各项数据的整理与分析，以及对既有建筑寿命预测以及城市整体区域抗震能力等方面的统筹分析与把握，均起到至关重要的作用。

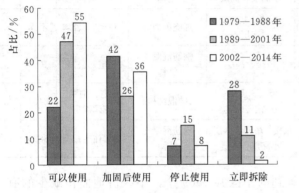

设防目标对比：
1. 74 规范：强度；
2. 89 规范和 01 规范：强度和变形（延性设计）；
3. 构造要求：89 规范和 01 规范明显提高。
注：
74 规范：《工业与民用建筑抗震设计规范》(TJ 11—78)。
89 规范：《建筑抗震设计规范》(GBJ 11—98)。
01 规范：《建筑抗震设计规范》(GB 50011—2001)。

图 6.38 汶川地震不同年代房屋建筑震害统计

北京科技大学防灾减灾研究梯队选择了 75 个大中城市作为分析对象，城市的选取原则为：①一、二线城市或直辖市、副省级市、省会城市；②从地级市及三线城市中选择；③考虑到城市在全国的分布情况，覆盖了全国东西中部；④兼顾考虑城市的设防烈度。

各城市抗震关键数据指标确定的依据为：能达到预期的目标；参考已有研究所使用到的参数；理清网上既存的主流数据涉及的指标。

在明确数据指标确定的依据后，从网上进行了所需数据的采集。对网上各个具有房源信息的网站（如搜房网、搜狐焦点网、新浪房产、链家地产、我爱我家等）进行了调查分析，通过搜房网、搜狐焦点网等对小区数据进行了手动采集，分别采集了包括贵阳白云区、南明区、昆明五华、沈阳苏家屯区、南昌市东湖区等地区的住宅信息数据。从采集结果看，通过有房源信息的网站采集小区数据信息是可行的，但手动搜索工作量过大、耗时长。

最后确定的数据指标为：建造年代、占地面积、建筑面积、建筑结构类型、建筑材料、建筑层高、建筑物的用途等。

在确定数据源后，对 75 个城市与抗震相关的小区数据信息进行了采集，采集到的数据指标见表 6.4。

表6.4   采 集 到 的 数 据 指 标

小区名字	区域	占地面积/m²	建筑面积/m²	竣工时间/(年-月-日)	建筑类别	建筑结构	物业类别	总户数/户	容积率
天洋城	燕郊	400000	1800000	不详	板楼、高层、超高层	不详	住宅、商业	13200	2.97
后现代城	朝阳区百子湾	180000	600000	2008-4-22	塔楼、高层	现浇钢筋混凝土剪力墙结构	住宅、普通住宅	4442	3.33
上上城理想新城	燕郊	265892	969829	2016-5-1	板塔结合、高层	不详	住宅	7000	3.00
远洋山水	石景山区鲁谷	500000	1500000	2008-12-1	板塔结合、高层	钢筋混凝土结构	住宅、普通住宅	11026	4.00
珠江帝景	朝阳区大望路	310000	900000	2004-8-1	板楼、塔楼、小高层、高层	钢筋混凝土结构	住宅、公寓	4200	2.89
棕榈泉国际公寓	朝阳区朝阳公园	70000	260000	2003-12-31	板楼、塔楼、高层	现浇剪力墙	住宅、公寓	不详	3.71
海晟名苑	东城区东直门	70409	212803	2003-8-12	塔楼、高层	钢筋混凝土结构	住宅、公寓	1060	2.98
阳光上东	朝阳区酒仙桥	475300	718000	2006-6-1	板楼、多层、小高层、高层	砖混结构	住宅、别墅、花园洋房	2483	2.48
首城国际中心	朝阳区双井	230000	600000	2009-8-12	板楼、塔楼、多层、小高层、高层	钢筋混凝土结构	住宅	3820	3.20

以北京市朝阳区为例进行分析。朝阳区采集到的小区共1569个，小区占地面积缺少的有563个，占36%；小区建筑面积缺少的有509个，占32%。从数据中发现，占地面积与建筑面积大多同时缺失或同时都有。建造年代缺少的共64个，占4%，且调查发现采集到的小区住宅建造年代缺失具有随机性。建筑结构形式缺少544个，占35%；户数缺少426，占27%；容积率缺少154个，占10%。

从统计结果看出，原始数据各项指标均存在一定比例的缺失，而数据的缺失必然会影响到分析效率，因此首先对缺失数据进行了插补。缺失数据的插补应用统计学中常用的IBM SPSS Statistics软件中的缺失值分析模块，进行数据缺失值的统计与分析。各项指标的插补顺序考虑了各指标的缺失率，对缺失率较低的优先插补。

数据插补完成后，对数据信息进行了统计，朝阳区的统计结果如图6.39、图6.40所示。

在插补统计完成后，我们对数据指标的户数与统计年鉴结果进行了比较。由总户数、平均家庭户人口可估算出朝阳区的总人口为444.6万人，由2010年人口普查结果知，朝阳区总人口为354.5万人，考虑到2010—2015年的人口增长率，推算得到朝阳区2015年总人口约为441.8万人，可知误差率为0.63%。

栋数计算完成后，对数量进行了验证。通过查看百度地图上的小区栋数，与计算结果进行了比较，计算栋数与实际栋数的比较的散点图如图6.41所示。

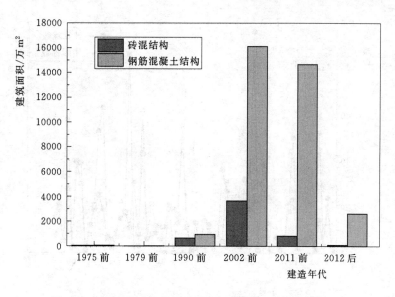

图 6.39　不同建造年代的砖混和钢筋混凝土结构建筑面积

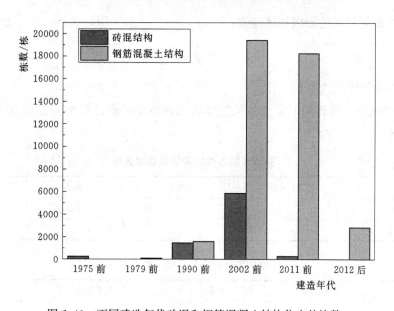

图 6.40　不同建造年代砖混和钢筋混凝土结构住宅的栋数

　　在小区栋数计算完成后，采用群体震害预测法，以北京市朝阳区为例，通过建立震害矩阵，对不同建造年代、不同结构形式的住宅进行分析，研究了既有住宅在不同强度地震下的破坏情况及由此造成的人员伤亡数。

　　震害矩阵计算步骤如下：

　　（1）确定要计算的地震的加速度峰值 $k(g)$。

　　（2）由表 6.5 选定计算结构对应设防标准的屈服加速度，作为它的概率密度分布的均值。

　　（3）由表 6.6 选定 j 级破坏对应的延性率的中位数 $\overline{\mu}_j$，算出对应的 $\overline{E}_j$。

131

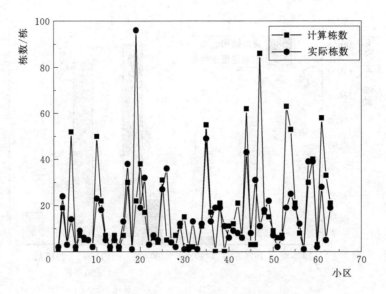

图 6.41　计算栋数与实际栋数比较

（4）计算 j 级破坏对应的屈服加速度值：

$$\bar{\alpha}_{yj} = \frac{k\beta}{E_j}$$

式中：β 为计算结构的谱放大系数。

（5）由确定强度的地震作用下发生各种破坏状态的概率函数计算地震强度为 k 时，该类结构发生 j 级破坏的概率。

表 6.5　　　　　　　　　　　　　典型建筑各类标准的屈服加速度

结构类型	74 规范	78 规范	01 规范	10 规范
砖混结构	1.89g	2.78g	1.75g	1.75g
钢筋混凝土结构	0.53g	0.58g	1.14g	1.31g

表 6.6　　　　　　　　　　　　　结构破坏状态与延伸率的关系

结构类型	轻微破坏	中等破坏	严重破坏	毁坏
砖混结构	1.38	4.5	10.5	20.5
钢筋混凝土结构	1.85	4.0	6.5	10.5

以《建筑抗震设计规范》为例，不同强度地震作用下房屋的破坏矩阵见表 6.7 和表 6.8。

表 6.7　　　　　　　　　　设防烈度为 8 度地区钢筋混凝土结构的震害矩阵

地震加速度峰值	基本完好/%	轻微破坏/%	中等破坏/%	严重破坏/%	毁坏/%
0.05g	100	0	0	0	0
0.1g	100	0	0	0	0
0.15g	96	4	0	0	0

续表

地震加速度峰值	基本完好/%	轻微破坏/%	中等破坏/%	严重破坏/%	毁坏/%
0.2g	84	16	0	0	0
0.3g	52	45	3	0	0
0.4g	26	61	12	1	0

表 6.8　　　　　　　　　　　　设防烈度为 8 度地区砖混结构的震害矩阵

地震加速度峰值	基本完好/%	轻微破坏/%	中等破坏/%	严重破坏/%	毁坏/%
0.05g	99	1	0	0	0
0.1g	85	14	1	0	0
0.15g	60	36	4	0	0
0.2g	39	50	11	0	0
0.3g	14	52	30	4	0
0.4g	5	39	45	10	1

朝阳区共 54 个商圈，在地震峰值加速度为 0.2g 时，各商圈不同破坏状态占总区域对应破坏状态的比率如图 6.42～图 6.44 所示。

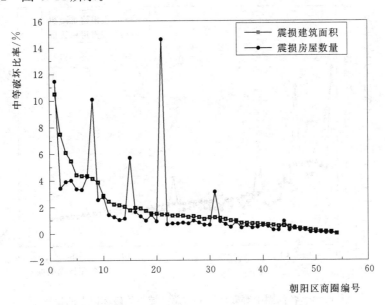

图 6.42　各商圈中等破坏占区域总中等破坏的比率

从分析结果可以看出，地震峰值加速度为 0.2g 时，朝阳区部分商圈震损面积比率较大；部分商圈震损面积比率虽相对较少，但震损房屋数量比率较大，都是潜在的危险区。

对于住宅加固，应根据震害预测结果，根据灾情的严重程度，依次分区域进行加固。另外，应考虑到第五代区《中国地震动参数区划图》颁布后，设防烈度的提高，将加固优先级提高，北京朝阳区由 8 度（0.2g）一组，提升为 8 度（0.2g）二组。

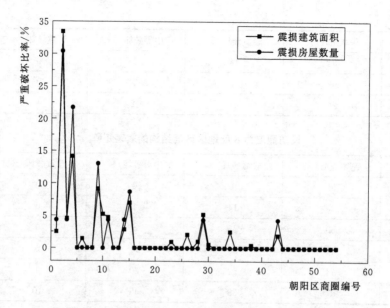

图 6.43　各商圈严重破坏占区域总严重破坏的比率

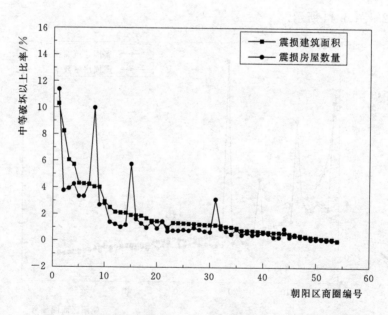

图 6.44　各商圈中等破坏以上占总区域中等破坏以上的比率

在以上分析基础上，基于 4 种方法（美国 Whitman 等人提出的方法、美国 ATC-13 方法、尹之潜提出的方法、日本建筑学会提出的方法）对北京市朝阳区的人员伤亡情况进行了计算，并就计算结果进行比较，如图 6.45 所示为死亡人数对比图，图 6.46 所示为受伤人数对比图。

通过比较可知：

（1）在实际发生地震强度较低的情况下，计算结果基本一致。

（2）在地震强度较高的情况下，人员死伤人数相差 2～3 倍，但还属一个量级，这主要与人员密

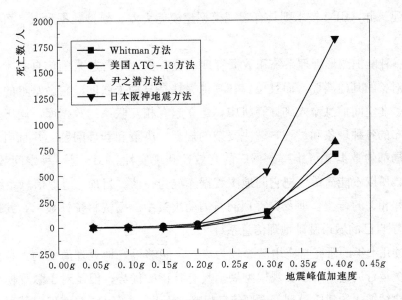

图 6.45　不同计算方法死亡人数比较

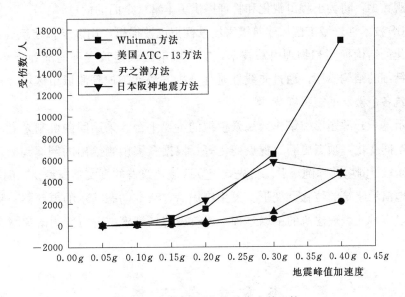

图 6.46　不同计算方法受伤人数比较

集程度及是否考虑二次灾害等有关。

6.3.2　其他新技术在城市建筑防灾中的应用

　　BIM 是以建筑工程项目的各项相关信息数据作为基础，建立起三维的建筑模型，通过数字信息仿真模拟建筑物所具有的真实信息。它具有信息完备性、信息关联性、信息一致性、可视化、协调性、模拟性、优化性和可出图性八大特点。目前，BIM 技术主要应用于单体建筑，其属性信息可以精细到构件级别，具有可视化程度高、建筑信息全面、协调性好等众多优势；但是对于整个园区或城区这样的宏观建筑群，BIM 技术则具有宏观模型建模能力差、模型数据量大、可视化预处理时间长等众多弊端。

　　GIS 技术是一种能把图形管理系统和数据管理系统有机地结合起来的信息技术，既有管理对象的位置又有管理对象的其他属性，而且位置和其他属性是自动关联的。它最基本的功能是将分散收集到的各种空间、非空间信息输入到计算机中，建立起有相互联系的数据库，用于分析和处理在一定地理区域内分布的各种现象和过程，解决复杂的规划、决策和管理问题。并且当外界情况发生变化时，只要更改局部的数据就可维持数据库的有效性和现实性。GIS 是一种空间数据库管理系统，是一个动态系统，所以不能简单地把它同地图数据库混为一谈。目前，地理信息系统 GIS 正被广泛地应用到多种工程相关的行业管理及灾害预测与辅助决策中。据资料统计显示，我国目前已至少有 30 多个城市建立了自己的城市基础地理信息系统。

　　GIS 技术经过几十年的研究与应用已经较为成熟，能够很好地处理海量的大范围地形数据，计算效率较高，系统运行流畅，对于宏观模型展示具有独特的优势；但是对于微观模型的展示则是其短板，它无法创建精细化的建筑模型、模型信息粗略。因此，把 BIM 与 GIS 技术结合起来，可以同时展示微观和宏观数据，将为工程可视化和管理提供更丰富、全面的信息。

　　除 BIM 和 GIS 技术外，城市区域建筑震害场景模拟也被提出，用以模拟建筑震害全过程。场景模拟是基于精细化的结构模型和物理引擎技术，实现城市区域建筑震害的准确预测和真实感显示。采用多自由度的精细的结构模型，通过非线性时程分析方法准确地预测城市区域大规模建筑的震害特征，并获得建筑各个楼层的震害细节。

　　震害动态演示基于开源图形引擎作为视景模拟的主要平台。采用回调机制来完成每一帧渲染前需要的工作，如空间变化、顶点更新、视点变化等。根据震害预测给出的倒塌判断，将整个建筑震害过程分为两个阶段：倒塌前和倒塌后。首先，建立区域建筑群的真实感模型。在倒塌前，利用位移时程数据来动态地演示建筑的位移和变形。发生垮塌后，清空动态演示的更新器，物理引擎将不断计算倒塌过程，以实时地表现建筑的倒塌过程。建筑震害场景模拟分析能为防灾减灾规划等提供重要参考。

本 章 参 考 文 献

［1］ 李淑珍. 既有建筑抗震加固改造设计项目的风险管理研究［D］. 中国科学院大学，2016.

［2］ 武田寿一. 建筑物隔震防振与控制［M］. 纪晓慧，等，译. 北京：中国建筑工业出版社，1997.

［3］ 杨沈，王亚勇，张维教. 消能减震技术在建筑抗震加固中的应用［J］. 现代地震工程进展，538-543.

［4］ 薛素铎，赵均，高向宇. 建筑抗震设计［M］. 北京：科学出版社，2003：92-94.

［5］ 邹昀，吕西林. 基于结构性能的抗震设计理论与方法［J］. 工业建筑，2006，36（9）：1-5.

［6］ 中华人民共和国国家标准. GB 50223—2008 建筑工程抗震设防分类标准［S］. 北京：中国建筑工业出版社，2008.

［7］ 中华人民共和国国家标准. GB 50180—93（2002 版） 城市居住区规划设计规范［S］. 北京：中国建筑工业出版社，2002.

［8］ 宋波，黄世敏．图说地震灾害与减灾对策［M］．北京：中国建筑工业出版社，2008．

［9］ 吕西林，蒋欢军．结构地震作用和抗震概念设计［M］．武汉：武汉理工大学出版社，2004．

［10］ 宋波，殷炳帅，曹谦．最不利风向作用下吸收塔风致动力响应［J］．建筑科学与工程学报，2016（3）：19-27．

［11］ 宋波，殷炳帅，劳俊，等．大尺度开口的钢制脱硫吸收塔结构抗震性能研究［J］．建筑结构学报，2016（S1）：177-185．

［12］ 劳俊，殷炳帅．大尺度开口吸收塔环向加劲肋布置对结构稳定性影响研究［J］．特种结构，2016（4）：79-84．

［13］ 宋波，牛立超，常彦斌．矩形开口对吸收塔结构非线性屈曲特性影响分析［J］．建筑科学与工程学报，2015（4）：15-20．

［14］ 朱宏博，宋波．脱硫塔结构数值模拟分析及振动台试验研究［C］．北京力学会第20届学术年会，2014．

［15］ 宋波，易煜，武晓东，等．考虑大变形效应的薄壁钢结构烟道力学性能分析［J］．北京科技大学学报，2013（2）：265-271．

［16］ 武晓东，宋波．抗弯刚度比对加劲板屈曲性能的影响［J］．北京科技大学学报，2012（11）：1352-1357．

［17］ 柳炳康，沈小璞．工程结构抗震设计［M］．武汉：武汉理工大学出版社，2012．

［18］ ［美］詹姆斯·安布罗斯，迪米特里·韦尔贡．建筑物在风及地震作用下的简化设计［M］．北京：中国水利水电出版社，2005．

［19］ 黄南翼，张锡云，姜萝香．日本阪神大地震建筑震害分析与加固技术［M］．北京：地震出版社，2000．

［20］ 周云，宗兰，张文芳．土木工程抗震设计［M］．北京：科学出版社，2011．

［21］ 夏训清，喻林．简明抗震结构设计施工资料集成［M］．北京：中国电力出版社，2005．

［22］ 宋波．基于建造年代的既有建筑大数据分析研究报告［R］．北京科技大学，住房与城乡建设部课题，2015．

［23］ 尹之潜，赵直，杨淑文．建筑物易损性和地震损失与地震加速度谱值的关系（上）［J］．地震工程与工程振动，2003（4）：195-200．

［24］ 孙柏涛，胡少卿．基于已有震害矩阵模拟的群体震害预测方法研究［J］．地震工程与工程振动，2005，25（6）：102-108．

［25］ 沈琳，陈千红，谭红专．缺失数据的识别与处理［J］．中南大学学报（医学版），2013（12）：1289-1294．

［26］ 周文琪，王素裹．闽南地区群体建筑调查及易损性分析［J］．福州大学学报（自然科学版），2015（1）：123-128．

第7章 城市防灾社区建设

2015年3月18日第三届世界减灾大会通过了未来15年全球减灾领域最新行动框架，即《2015—2030年仙台减轻灾害风险框架》（简称《仙台框架》）。《仙台框架》大力提倡全方位加强防灾救灾的各个领域，明确了加强国家和地区预防可能产生新的灾害风险和现有灾害风险的能力，提出了未来15年在国际防灾新形势下对建设韧性城市的需求。《仙台框架》充分继承、深化和体现了综合减灾的理念，针对基础设施安全、减轻风险战略实施和多危害预警系统利用等重要问题进行了展望和倡议；在减轻灾害风险方面，主张通过获得可靠的数据，并结合模型和评估方法，锁定城市防灾安全的薄弱环节；针对综合灾害数据分析，明确了以社区为单元，提升城市多灾种预警和灾害风险防范能力，提高城市对抗灾害的韧性。

城市社区作为城市的基本组成单元，是各类灾害最直接的承受体，社区防灾能力的高低直接关系到城市整体防灾的强弱，从社区层面入手进行防灾建设具有更好的操作性和针对性。

7.1 城市防灾社区的发展与建设现状

随着我国城市化进程的深化，城市人口和各种生活设施高度集中，各个系统间相互依赖程度高，一旦发生破坏性灾害，容易发生连锁放大效应，从而造成灾害扩大化。近年来我国进入灾害多发期，提高城市的综合防灾减灾能力越来越受到重视。我国也相继编制了城市综合防灾规划及相关专项防灾规划，但是对于城市整体防灾而言，具有地域面积大、防灾涵盖范围广、跨学科交叉多的特点，造成具体防灾建设和评价过程中可操作性和针对性不强，城市社区作为城市的基本组成单元，是各类灾害最直接的承受体，社区防灾能力的高低直接关系到城市整体防灾的强弱，从社区层面入手进行防灾建设具有更好的操作性和针对性。

"社区"一词最早来源于拉丁语，意思是共同的东西和亲密的伙伴关系，1871年英国学者H.S梅因出版的《东西方村落社区》首先使用了"社区"一词，随后德国社会学家斐迪南·滕尼斯于1887年出版的《社区与社区》一书中从社会学角度描述了社区这一概念。不同的国家和地区对社区的定义也有所差别。美国学者认为社区是一个群体，它由彼此联系，具有共同利益或纽带，具有共同地域的一群人所组成，其成员之间的关系是建立在地域的基础上的；日本学者认为：社区具有一定的空间地区，它是一种综合性的生活共同体；我国台湾学者龙冠海对社区的定义为：社区是有地理界限的社会团体，即人们在以特定的地域内共同生活的组织体系，一般称为地域团体。

虽然不同国家学者对社区的定义不尽相同，但一般认为社区包含以下 5 方面要素：①一定数量的社区成员；②一定范畴的地域空间；③一定规模的社区设施；④一定形式的社区组织与相互配合的生活制度；⑤一定特征的社区文化和一定程度的归属感。学者易亮认为社区可以分为自然社区和法定社区：自然社区包括商业社区、工业社区、文化社区等具有特定功能的社区，但是这些社区的边界比较模糊；法定社区主要是指城市街道办事处下属的社区，边界比较清晰。

我国民政部在全国推进城市社区建设的意见中定义目前城市社区一般是指经过社区体制改革后作了规模调整的居民委员会辖区。民政部对于社区的定义为居住在一定地域范围内的人们所组成的社区生活共同体，主要包括以下 4 方面：①社区要有一定的地域界限；②社区要存在一定的人口数量；③社区要有组织结构有序的社会的实体；④存在特定的社区文化是社区存在和发展的内在要素。

以社区层面进行的防灾建设更加接近居民的实际需求，以社区避难场所为例，以城市社区的小广场和中学校园为依托的避难场所在灾时能发挥重要作用，社区中的避难场所一方面居民方便到达；另一方面居民平时对其地理环境熟悉，具有较好的认知性和适应性，为灾后居民的安置提供安全的避难环境。图 7.1、图 7.2 所示为 2013 年芦山地震中居民在广场和中学操场避难的避难安置情况。

图 7.1 芦山县城的临时避难场所　　　　图 7.2 芦山中学的临时避难场所

建立和完善与社区防灾相适应的空间布局是社区防灾空间体系的根本，目前根据我国社区的空间规划分为了 3 个层次：①基础社区（社区居民委员会，人口规模约 3000 人）；②功能社区（4～6 个居民委员会，人口规模 2 万人左右）；③街道社区（10 万人左右）。在我国一些人口较多、结构复杂的大城市中，许多街道规模很大，而且商业、工业等不同功能社区交叉，无法形成统一的评价体系，如表 7.1 是北京市西城区 15 个街道面积、常住人口和下辖居委会。

从北京市西城区全部 15 个街道的统计数据（图 7.3）中可以看出，全区街道平均面积 3.38km²，平均人口 88480.2 人，平均下辖居委会 18.13 个，每个街道的辖区面积、常住人口数和下辖居委会个数差别比较大，单纯就街道地域面积而言最大相差 5.4 倍，常住人口最大也相差 5 倍左右。就街道所辖社区居民数量而言，月坛街道划分为 26 个社区居委会，其中人口最多的三里河一区社区人口总数为 8468 人，人口最少的南沙沟社区人口总数仅为 1046 人。

表 7.1　　　　　　　　　　北京市西城区下辖 15 个街道基本信息数据统计

街道名称	面积/km²	常住人口/万人	下辖社区居委会/个
西长安街街道	4.24	4.90	12
新街口街道	2.86	10.31	21
月坛街道	4.11	12.84	32
展览路街道	5.87	12.80	21
德胜街道	4.14	12.50	26
金融街街道	3.78	6.58	23
什刹海街道	5.80	10.51	29
大栅栏街道	1.26	5.50	10
天桥街道	2.07	5.38	8
椿树街道	1.09	3.50	6
陶然亭街道	2.14	4.90	8
广安门内街道	2.43	8.06	19
牛街街道	1.41	5.40	10
白纸坊街道	3.10	12.40	18
广安门外街道	5.49	9.85	29
平均值	3.32	8.36	18.13
西城区平均人口密度 2.5 万/km²			

注　数据来源于西城区政务网 http://www.bjxch.gov.cn/XCHIndex.html。

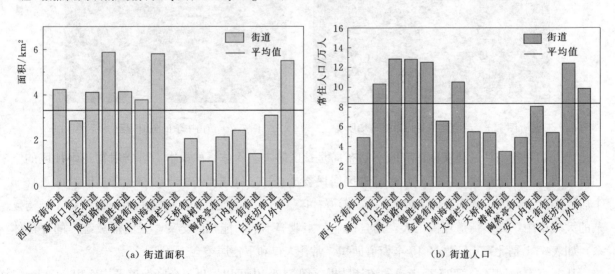

（a）街道面积　　　　　　　　　　（b）街道人口

图 7.3　西城区各街道基本信息数据柱状图

　　由于城市不同区域经济发展水平不平衡，社区中地域面积、人口数量往往相差较大，实际操作中往往存在较大困难，多数定义中主要是针对居住社区而言，对于其他类型的社区如学校型社区主要是以学校后勤为主的管理模式，对于一些商业、商务社区，其管理主体可能是物业、企业，其管理主体并不统一和明确，因此从行政管理角度来定义也不是很理想。

我国《城市居住区规划设计规范》（GB 50180—93）2002 版中城市居住区指不同居住人口规模的居住生活聚居地和特指城市干道或自然分界线所围合，并与居住人口规模（3 万~5 万人，1.0 万~1.6 万户）相对应，配建有一整套较完善的、能满足该区居民物质与文化生活所需的公共服务设施的居住生活聚居地。居住小区指被城市道路或自然分界线所围合，并与居住人口规模（1.0 万~1.5 万人）相对应，配建有一套能满足该区居民基本的物质与文化生活所需的公共服务设施的居住生活聚居地。

目前大多数对城市社区的防灾定义都是基于社区的管理体制出发，考虑防灾设施的配置，人员机构的组成，应急预案的合理与否。区域防灾是城市整体防灾的重点研究部分，工程性防灾社区与传统社区的定义既有相同的地方又有不同的地方，与传统社区定义一样，工程性防灾社区也应有一定的地域空间范围和一定的人口规模，但是地域范围不能以行政管理范围和人口数量的多少来划分，而是从有利于工程防灾角度来界定防灾社区的地域范围。除去地域范围和人口数量外，工程性防灾社区应具备合理完善的基础设施体系、避难疏散体系、消防救援体系、医疗救护体系。考虑上述工程性防灾社区的要点，将工程性防灾社区定义为以城市疏散道路所围合的区域，以此来定义工程防灾社区的范围，其中疏散道路的定义我国规范《城市道路工程设计规范》（CJJ 37—2012）将城市道路划分为快速路、主干路、次干路和支路 4 个等级，城市主干路平面交叉口为 700~1200m，次干路为 350~500m，支路为 150~250m。

社区是一个城市组成的基本单元，在我国管理体制走向"小政府，大社会"的转型过程中发挥着重要作用。在针对社区防灾机能的基础上，打破街道辖区格局，重新调整社区规模。为了适应城市发展的需要，我国部分城市也陆续开展城市社区调整，将城市社区定位于小于街道级别，但是大于社区居委会级别的空间层面上来，如安徽铜陵市先后撤销了 10 个街道办事处，把原有的 63 个社区缩减为 23 个，将"市—区—街道—社区"4 级管理模式逐步调整为"市—区—社区"3 级管理模式，这样优化了城市管理层次结构，提高工作效率，强化了新型社区在城市管理中的重要作用。

关于社区与城市道路，我国规范《城市抗震防灾规划标准》（GB 50413—2007）要求城市用于防救灾道路紧急避震疏散场所内外的避震疏散通道有效宽度不宜低于 4m，固定避震疏散场所内外的避震疏散主通道有效宽度不宜低于 7m。与城市出入口、中心避震疏散场所、市政府抗震救灾指挥中心相连的救灾主干道不宜低于 15m（表 7.2）。避震疏散主通道两侧的建筑应能保障疏散通道的安全畅通。

表 7.2 我国救援疏散道路的级别划分

道路级别	救灾干道	疏散主干道	疏散次干道
定义	在高于罕遇烈度的地震下需保障城市抗震救灾安全通行的道路，主要用于城市对内、对外的救援运输，一般为连接外埠的快速路或高等级公路	在大震下需保障城市抗震救灾安全通行的城市道路，主要用于连接城市中心或固定疏散场所、指挥中心和救灾机构或设施，一般为城市主干路	在中震下能保障城市抗震救灾安全通行的城市道路，主要用于人员通往固定疏散场所，一般为城市主干路或次干路
有效宽度要求	不小于 15m	不小于 7m	不小于 4m

综上所述，考虑社区防灾疏散的可达性及其合理性，并结合我国部分法律法规中的相关规定，将防灾社区的评价范围定义为城市防灾疏散道路所围合而成的区域，并具备完善合理的基础设施体系、避难疏散体系、消防救援体系、医疗救护体系等基础设施，对其人口规模和用地规模也在前人研究的基础上进行了划定，这样定义以针对保障社区生命财产安全的工程性指标为主，没有将社区防灾管理、防灾培训、防灾教育等方面评价过程作为主要评价因素（图 7.4）。一方面评价对象是对社区的既有指标进行评价，评价指标内容相对来说较为客观；另一方面抛开了管理职能部门、组织机构等不易评价的主观性较大的因素，就防灾培训、防灾教育而言，经过实施后指标容易提升和发生变化，从而也会给评价的客观性及相对不变性带来影响。

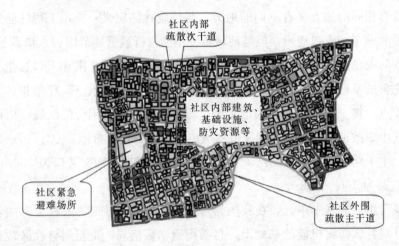

图 7.4 社区评价范围示意图

因此，防灾社区的划分应基于有利于社区自治、有利于发挥社区防灾功能、有利于防灾资源共享、有利于社区防灾管理的原则，以城市主要街道或防灾疏散道路（包括城市救灾干道、疏散主干道、疏散次干道）以及城市自然分界线（如河流、山地、铁道等）所围合而成的区域，该区域可以由一个或多个社区居委会组成，具体划分区域大小根据城市实际的疏散道路分布情况及社区大小来划分，常住人口数量在 2 万人左右，用地规模在 $1.0 km^2$ 左右，在城市边缘区域用地规模可以适当扩大。

7.2 城市防灾社区评价指标体系

在对社区防灾能力进行综合评价过程中，评价指标选取的优劣直接关系到综合评价结果能否全面真实反映出社区的实际防灾能力以及整体防灾中的薄弱部分。对于防灾社区评价指标体系的选取国内外都有较多研究，但大多从经济社会以及组织管理角度出发，针对性不强，包括我国相关部门制定的现行的对于社区防灾及社区安全评价指标。其评价体系中针对某一指标的评价也大多从定性角度出发，没有具体的阐述如何去评价，定性指标较多，要么评价指标体系涵盖面过大，既包含了工程性的防灾性能评价，又包含了社区防灾组织管理、应急演练、地方特色等众多软性指标，对于这些软性指标不仅评价起来比较困难，实际实施过程中也无法监督其操作情况，指标体系总体看起来显得过于冗长，进行简单的打分原则也缺乏可靠依据，综合评估起来较为困难。

基于前述不同社区的调查与分析表明社区防灾能力评价指标体系的设计是进行社区防灾能力评价的前提条件。评价指标的选取决定了评价结果是否客观有效，因此为保证评价结果的全面性、针对性、准确性、客观性和实用性，社区防灾能力评价指标体系的设计建议遵循以下原则。

（1）目的性原则。城市防灾社区综合评价指标体系的构建目是从城市单元细胞上把握防灾救灾能力，分析影响城市社区防灾能力的关键因素，明确城市社区防灾中的薄弱环节，便于后期加强改善与维护。

（2）针对性原则。针对性主要是指建立的指标体系应具有其特定的应用范围，是针对城市社区自身易损性及其防灾能力而设定的。鉴于不同类型的城市社区有其各自不同灾害风险，孕灾环境和承灾体存在天然的不同，因此在确立防灾社区评价指标体系时，既要考虑符合我国大多数社区的一般性指标，也要考虑不同社区的特殊性。

（3）完备性与代表性相结合原则。城市防灾社区评价指标体系作为一个整体，需要从社区所具有的主要特征和状况进行评价分析，但是如果把所有的因素都考虑进去作为评价指标，既不现实，也没必要。因此，我们选择少数的具有代表性的指标来体现社区防灾的主要问题，以便能全面地反映社区防灾能力的客观情况，并便于操作，减少工作量，提高效率。

（4）可测性原则。指标体系的可测性包括两个方面：①评价指标本身具有可测性；②指标在评价过程中的现实可行性。不能量化的指标，定性描述也应该具有直接可测性；不具有直接可测性内容，应通过可测的间接指标来测量，如老旧社区中地下管线等数据无法获得，可采用定性的方法来描述其易损性。评价指标在评价过程中的现实可行性有两方面的要求：①能不能够获取充足的相关信息；②评价主体能不能做出相应的评价。为了保证评价指标体系具有较强的可操作性，指标的含义应尽量明确，指标体系的设置既要避免过于繁琐又要突出重点，而指标所涉及的数据在现实的物力、人力条件下又是能够获取的。

（5）可比性原则。防灾社区评价指标体系应具有横向可比性，则综合评价才具有实用价值和现实意义。所建立的评价指标体系应具有对城市社区普遍的适用性，同时应注意保持计算方法和范围的一致，以保证评价指标的横向可比性。

（6）实用性原则。防灾指标体系选取过程中以及后期综合评价过程中指标应具有较强的应用性，国内部分文献中对于指标体系的计算过于复杂，往往一个指标的确定需要进行复杂的数值模拟和积分换算，这样在实际操作应用中将十分困难。指标体系的建立基于实用性原则，不管是专业技术人员还是非专业管理人员都能利用该指标体系进行合理评价。

对于指标体系从统计形式上可以分为定性指标和定量指标，定性指标往往是根据经验或者对评估对象直观的判断得到描述性数据，主要是根据我国现有的规范对该指标的规范要求来评价其防灾能力属性，一般是用"是/否"或者"有/无"来表示，为了转化为定量评价也可以将其进行等级划分,根据不同的等级赋予相应的分数值,对于城市防灾社区评价指标体系应为多层次的复杂评价系统,所涉及的评价因素众多,而且社区致灾因子和承灾体两个方面,不同类型的致灾因子及其强度不同又存在诸多不确定因素,因此需要从多个角度和层面来设计指标体系。这里只针对社区作为承灾体其自身所具备的能力,没有考虑致灾因子的类型及其强度的影响。按照层级结构可以建立社区防灾评价指标体系的基本框架如图 7.5 所示。

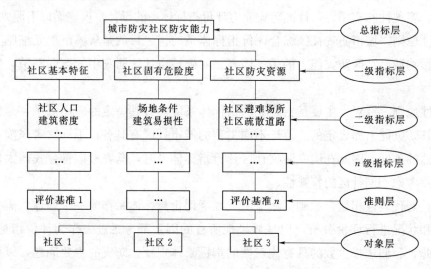

图 7.5　社区防灾评价指标体系

(1)总目标层。综合城市防灾社区的总体度量,表示城市社区防灾能力的客观状况。

(2)一级指标层。将城市防灾社区整体防灾能力进一步分解,分解为社区基本特征、社区固有危险度和社区防灾资源 3 个一级指标。

(3)二级指标层。在一级指标层的基础上进一步划分为二级指标层,从更加细化的角度去分析一级指标的综合影响因素。

(4)n 级指标层。根据防灾社区评价指标体系的设计原则,选择最能贴近社区实际防灾状况的指标体系,基于可测性原则,对该层指标进行详细描述,直接测量或间接测量各个准则的数量表现、强度表现或者状态表现。定性指标采用十分分量表打分进行评价,定量指标采用单指标比例合成算法。

(5)准则层。这一层次分析主要是根据国内现有的相关规范及法规,提取 n 级指标层各指标的评价准则,该评价准则可以是规范具体的定量规定,也可以是规范对社区某方面的定性描述,通过建立最底层的评价准则逐步计算总指标的综合评价值。

(6)对象层。城市防灾社区防灾能力评价的实施对象是城市中一个或多个社区。

社区作为一个多维度空间,其防灾能力不仅反映在建筑物的抗震能力上,还与社区内部的其他因素紧密相关,如社区人口分布、建筑密度、场地条件周边环境和防灾资源等。

防灾社区指标体系的构建主要通过两个方面来确立:一方面是根据文献中指标出现的次数来确

定该指标，出现的次数越多说明该指标可接受的程度越高，因此更加具有说服力；另一方面通过对不同类型社区的实地调查，明确指标在社区中的可操作性和可测性。最终从社区自身防灾能力出发，将社区防灾能力划分为社区基本特征、社区固有危险度和社区防灾资源 3 个一级指标，在此基础上进一步构建了 12 个二级指标和 28 个三级指标，构建社区防灾评价指标体系，见表 7.3。

表 7.3　　　　　　　　　　　　　　社区防灾评价指标体系表

总 指 标	一级指标	二级指标
社区的防灾能力 (1.0)	社区基本特征 (0.1643)	社区人口 (0.0864)
		社区建筑 (0.2994)
		社区用地控制 (0.1405)
		社区生命线设施 (0.4738)
	社区固有危险度 (0.2970)	场地条件 (0.1397)
		周边重大危险源 (0.2799)
		建筑物易损性 (0.4647)
		火灾蔓延危险度 (0.1156)
	社区防灾资源 (0.5396)	疏散避难场所 (0.3509)
		疏散道路 (0.3509)
		消防救援 (0.1891)
		医疗救护 (0.1091)

7.3　城市固有危险性分析

固有危险度是对系统自身存在危险性的一种量化描述。对于城市社区来说，首先需要确定社区存在的危险性，对社区固有的危险度进行评估，危险度高的社区防灾能力要求会越高。因此，对于城市固有危险性分析就特别重要。城市固有危险性包括：场地环境、周边危险源、建筑易损性、火灾蔓延危险度、消防设备配备完备性 5 个方面。

1. 场地环境

社区场地环境主要指社区自身及周边所处的地理环境的危险程度。社区场地环境主要包括地震断裂带、砂土液化、沉降、地裂、泥石流等可能发生地质灾害的地区，对于处在该危险地段的社区应采取相应的防御措施，以确保社区的地质安全。社区应远离泄洪区、低洼地等易积水地区，选择地势较高、地形较平整（0.3%≤坡度≤8%）的用地作为避难场所。我国《建筑抗震设计规范》将社区场地条件分为有利地段、一般地段、不利地段和危险地段 4 个等级，划分标准如下：

（1）有利地段：稳定基岩、坚硬土、开阔、平坦、密实、均匀的中硬土等。

（2）一般地段：不属于有利、不利和危险的地段。

（3）不利地段：存在软弱土、液化土、条状突出的山嘴，高耸孤立的山丘，非岩质的陡坡、河岸和边坡的边缘，平面分布上成因、岩性、状态明显不均匀的土层（含故河道、疏松的断层破碎带、暗埋唐浜沟谷和半填半挖地基），高含水量可塑黄土，地表存在结构性裂缝。

（4）危险地段：地震时可能发生滑坡、崩塌、地陷、地裂、泥石流等及发震断裂带上可能发生地表错位的部位。

2. 周边危险源

社区危险源主要指具有潜在能量和物质释放危险的、可造成人员伤害、在一定的触发因素作用下可转化为事故的部位、区域、场所、空间、岗位、设备及其位置，社区危险源主要包括加油站、变电站、储气站、生化工厂等分布于社区内部及周边的潜在危险设施。

城市中各类危险源种类和数量非常庞大，在城市防灾规划中对危险源考察的主要有两个方面：一是危险源本身的安全防灾问题；另一方面是危险源周边防护设施和居民安全问题。主要考虑危险源自身的防护措施以及距离居民区及避难场所的距离等因素。《城市抗震防灾规划标准》中要求临时应急避难场所与周围易燃建筑等一般次生火灾源之间应设置不小于 30m 的防火隔离带，距易燃易爆工厂仓库、供气厂、储气站等重大次生火灾或爆炸危险源不应小于 1000m。我国学者高杰对居住区抗震防灾评价中对危险源的要求如下：居住区边界距离最近的次生灾害源的距离应不小于小型次生灾害源 150～200m，中型次生灾害源 300～400m，大型次生灾害源 500m，且应符合防火规范的相关要求，临时避灾场地的防火安全带不小于 10～15m。

3. 建筑易损性

建筑易损性主要是指社区范围内所有建筑在灾害（主要为地震灾害）作用下的易损程度。要将社区内建筑的结构形式作为主要的考虑因素。社区内单体建筑的抗震性能，是地震发生时保障社区居民的第一道防线，也是最重要的一道防线，历次地震中因建筑倒塌或损坏造成的伤亡占伤亡比例的 90% 左右。目前对于地震中建筑危险度的评价主要分为两大类：一类是假设可能发生地震地区，通过对单体建筑的各个参数的确定建立力学计算模型，进行地震作用下数值模拟工作（如振型叠加法、反应谱法、时程分析法等），这方法虽然能够准确模拟单体建筑的地震反应特性，但是对于大量建筑工作量太大，数据收集困难，社区内建筑作为一个整体评价单元体，某一栋建筑的危险性也并不能反映整个社区建筑危险性。另一类是通过历次地震中震害房屋统计，根据统计建筑群体数据进行拟合分析，并通过专家评估，这种方法相对来说是一种粗略评价，但是综合效果好，可操作性好。我国建筑结构类型一般可以分为自建民宅、多层砌体结构、钢筋混凝土框架结构、高层建筑、工业厂房和其他特殊类型建筑物等。在考虑指标易操作性的基础上主要根据各类建筑易损程度在社区所占有的比率来对区域建筑危险性进行综合评价，由于社区建筑基础数据并不完全，根据历次震害经验，在其他条件相同的情况下建筑破坏主要与建筑的结构形式有关。

4. 火灾蔓延危险度

社区防火隔离带是指为阻止社区大面积火灾延烧，起着保护区域火灾安全的隔离空间和相关阻断设施，如道路、防火建筑和防火林木等。火灾蔓延危险度主要是考察社区是否可以有效地防止和阻断地震后次生火灾蔓延的功能，例如日本关东地震中 63% 的次生火灾时是由城市绿地阻断而熄灭的。

社区防火隔离带主要包括满足一定宽度的道路、防火建筑带和防火林木带，《城市消防规划规范》中要求建筑耐火等级低的危旧建筑密集区及消防安全条件差的其他地区（如旧城棚户区、城中村等），应采取拓宽防火间距、打通消防通道、改造供水管网、增设消火栓和消防水池、提高建筑耐火等级等措施，改善消防安全条件；应纳入旧城改造规划和实施计划，消除火灾隐患。对于不同类型的社区，地震发生时，工业社区发生大规模火灾或爆炸的概率比较高，其次是商业社区，由于商业社区中含有大量的商住混合楼，餐饮业往往使用大量的明火器具，也极易引发火灾。此外社区周边危险源的分布，如加油站、化工厂、燃气储运站，等等，此类设施的火灾不同于一般的火灾，这种火灾一般起火迅速，且极难控制，社区应具有符合要求的防火遮断带。对于社区消防而言，主要考虑两方面的因素：一方面是"防"的阶段，考虑社区建筑起火的可能性以及起火后蔓延危险性，对于社区的潜在火灾发生情况作出判断；另一方面是"消"的阶段，主要考虑灾害发生后，消防能力能否及时到达并参与到救灾中，主要包括社区消防的覆盖率、社区内消防栓的个数（一般来说消防栓越多，表明火灾危险性越低）。其中我国对于城镇次生火灾要求，《城镇综合防灾规划标准》中给出了次生火灾防止分割设置要求见表 7.4。

表 7.4   次生火灾蔓延防止分割设置要求

级别	最小宽度/m	设 置 条 件
1	40	防止特大规模次生火灾蔓延，需保护建设用地规模 7～12km²
2	28	防止重大规模次生灾害蔓延，需保护建设用地规模 4～7km²
3	14	一般街区分割

5. 消防设备配备完备性

社区内消防设备的完备性主要包括社区居民楼内消防设备配备情况，社区内消防栓的数量，大型公用建筑周边防火水槽、高区喷淋等消防设施。我国对火灾事故执行"预防为主，防消结合"的原则，以生产生活引起的火灾为主，兼顾其他灾害引起的次生火灾，规划消防道路，消防避难空地要尽可能地利用已有的空地和绿地资源，并与其他防灾资源相协调。

对于地震次生火灾要求住宅、商业、工业、文化等功能分区明确，尽量避免工厂、住宅和活动场所混杂建设。社区内的供水、供电、供气、供暖、通信等生命线设施应有专人负责灾后的应急工作。对于社区周边的化工厂、燃气站等应满足规定的防火防爆安全距离或设置安全隔离带，并应编制与相邻建筑和道路的防火间距表，明确存在的隐患。

地震应急避难场所距次生灾害危险源的距离应满足国家现行重大危险源和防火的有关标准规范要求。四周有次生火灾或爆炸危险源时，应设防火隔离带或防火树林带。合理设置防火分隔、疏散路径、安全出口以及报警、灭火、排烟等设施。

根据城市消防站建设标准确定消防站消防责任分区的地域面积与范围，消防站的布局以接到消防报警 5min 可到达责任区为原则，社区应有满足消防要求的消防通道。评价社区消防道路的现状与改进措施，消防道路及其上空的管架、管路、栈桥等障碍物的高度必须达到规范要求。对于高层建筑周围应设置环形消防通道，若有困难可沿长边设置消防车道。我国《城市消防规划规范》中规定市政消防栓应沿街、道路靠近十字路口设置，间距不应超过 120m，当道路宽度超过 60m 时，宜在道路两侧设置消火栓，且距路边不应超过 2m、距建（构）筑物外墙不宜小于 5m。

7.4　城市防灾资源与防灾社区建设

社区防灾资源主要包括社区应急避难场所、社区疏散道路、社区消防救援和社区医疗救护等资源。应急避难场所是为了人们能在灾害发生后一段时期内，躲避由灾害带来的直接或间接伤害，并能保障基本生活而事先划分的带有一定功能设施的场地，是灾后保障民众安全和基本生活的重要场所。目前我国抗震避难场所主要分为以下 5 类。

（1）紧急避震疏散场所：供避震疏散人员临时或就近避震疏散的场所，也是避震疏散人员集合并转移到固定避震疏散场所的过渡性场所。通常可选择城市内的小公园、小花园、小广场、专业绿地等。

（2）固定避震疏散场所：供避震疏散人员较长时间避震和进行集中性救援的重要场所。通常可选择面积较大、可容纳人员较多的公园、广场、体育场地/馆、停车场、空地、绿化隔离带以及抗震能力强的公共设施、防灾据点或大型人防工程等。

（3）中心避震疏散场所：规模较大、功能较全、起避难中心作用的固定避震疏散场所。场所内一般设抢险救灾部队营地、医疗抢救中心和重伤员转运中心等。

（4）防灾据点：采用较高抗震设防要求、有避震功能、可有效保证内部人员地震安全的建筑。

（5）防灾公园：城市中满足避震疏散要求的、可有效保证疏散人员安全的公园。

日本防灾规划分为 3 个阶段：第一阶段是生命的确保；第二阶段是财产的确保；第三阶段是建立彻底的应对灾害的防灾对策。日本中心避难区域的设置要求为在中心市区步行 1h 以内或距离 2km 以内需要布置一处安全的避难公园或空间，设置标准面积是 25hm²、最小不少于 10hm²（最低面积前提条件是避难地周边有 120m 的不燃区来遮断辐射区）。其人均避难面积标准为 2m²，最小 1m²；（1m² 也是雨天人们集中打伞的情况下每人需要的最小面积），1.5 人/m² 是自由活动的界限，4 人/m² 会发生缓慢堵滞，6 人/m² 会使行动停止。此外，根据日本关东大地震遇害者积累状况看，多集中于桥、避难场所的入口狭窄部分，因此对于避难场所的出入口数量和宽度也应着重考虑。表 7.5 是日本城市绿地防灾规划体系的构成，其避难场所的划分基本上与我国相同，但是其在服务于小区级别和区域级别的避难场所比我国更细致，此外在绿色疏散通道隔离缓冲带也制定了相应的要求。

日本名古屋市防灾规划中重点对于建筑物倒塌危险性、延烧扩大危险性、道路闭塞危险性、避难活动危险性和消防活动危险性等 5 个方面的客观指标来评价目标社区的灾害危险度判定调查。其中重点加强步行范围内的防灾设施改造、进入避难场所的避难路径的确保、骨架化避难路径不燃化的提升和延烧遮断带的改造如图 7.6 所示。

表 7.5 日本城市绿地防灾规划体系构成

级别	类型	规模	布局	规划要求	我国 GB 50413 规定
一级避灾据点	紧急避难绿地（小区级别）	大于 500m²，人均避难面积大于 1.5m²	服务半径 300～500m，步行 3～5min	与地址危险区域和洪水淹没危险区域距离大于 500m，且至少有 2 条以上的避难通道连接	用地不宜小于 0.1hm²，人均避难面积不小于 1m²，服务半径宜为 500m，步行 10min 之内可到达
	紧急避难公园（区域级）	面积 1～10hm²，人均避难面积大于 1.5m²	服务半径 500m，步行 5～10min		
	固定避难公园（市属级别）	面积 10～50hm²，人均避难面积大于 2.0m²	服务半径 2～3km，步行 0.5～1h	具有必要的生活配套设施，能够作为附近居民中长期避难场所	不宜小于 1hm²，人均有效避难面积不小于 2m²，服务半径宜为 2～3km，步行大约 1h 之内可到达
二级避灾据点	救灾基地公园广场	大于 50hm²，人均避难面积大于 2.0m²	50 万～150 万人/个	生命线工程完备，可作为城市安置、救援、恢复重建的基地	不宜小于 50hm²
避难通道	绿色疏散通道	大于 10m		道路红线两侧有 10～30m 不等的绿化带	
隔离带	隔离缓冲带				

（a）延烧遮断带的改造要点 （b）社区防灾要点

图 7.6 社区防灾改造要点

北京市地震应急避难场所规划标准中将北京市地震应急避难场所分为中心避难场所、固定避难场所和紧急避难场所 3 类。规定要求根据各个区县、新城现状及规划常住人口规模，按照灾时常住人口中 100%将进行临时避难、30%将需要长期避难的标准。其中服务于社区级别的紧急避难场所面积不低于 2000m²，市民步行 5～10min 能够到达，而且紧急避难场所要保障灾民 3d 内临时避难并具备基本生活保障及救援、指挥的临时性场所，便于疏散转移。

服务于社区级别的紧急避难场所可以看作是一个承上启下的防灾过渡性场所，既要保证灾时该场所的可达性，又要保证紧急避难场所的安全性和有效性，此外对于严重破坏性灾害紧急避难场所还需保障与城市或地区级别的紧急疏散通道，城市固定或中心避难场所的连通性。

为保障应急避难场所的使用安全，场所的规划应根据其周围建筑、构筑物（桥梁）的高度，选址在其倒塌范围以外，以避免建筑、构筑物倒塌对场所造成危害。同时，地震应急避难场所周围的建筑应符合所在地区建筑抗震设防等级要求。根据《地震应急避难场所场址及配套设施》（GB 21734—2008）和《城市抗震防灾规划标准》中相关规定，紧急（临时）避难场所周边应设置 2 条以上疏散道路，长期（固定）避难场所周边应设置 4 条以上疏散道路（要安排在不同方向上）。另外，参照一般防火通道的有关宽度标准，紧急（临时）避难场所的道路宽度不小于 3.5m，长期（固定）避难场所疏散道路的宽度不小于 15m。根据我国相关规范标准，对作为防灾资源的避难场所体系进行合理的评价。

1. 紧急避难困难率

社区紧急避难困难率是指根据不同等级避难场所服务半径的要求，服务社区的避难场所对社区

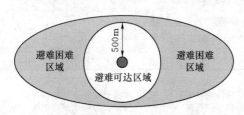

图 7.7 紧急避难可达性示意图

的覆盖面积与社区用地面积的比值。社区避难场所主要包括社区内部的小公园、学校操场、空地等场所并且被规划作为避难用地，社区实际调查过程中，社区内被规划作为紧急避难场所的用地较少，大多学校操场和空地并没有作为紧急避难场所来进行管理和规划。《城市抗震防灾规划标准》中规定紧急避难场所服务半径为 500m，步行 5～10min 之内可以到达，因此避难场所的服务面积以紧急避难场所为中心，以 500m 为半径画出同心圆，所覆盖的区域面积占社区总面积的比率为社区避难的可达性（图 7.7）。

根据其对社区覆盖比率的大小，将紧急避难困难率的划分为 5 个等级，见表 7.6。

表 7.6　　　　　　　　　　　　　　　紧急避难困难率评价等级

避难困难率/%	<20	20～40	40～60	60～80	>80
评价等级	一级	二级	三级	四级	五级

注　根据社区实际情况在得分范围内取值。

2. 人均有效避难面积

人均有效避难面积是指社区可用避难面积与社区内避难人口总数的比值。该指标体现了避难场所对所服务区域的容纳能力，单位为 m^2/人。对于人均避难面积的确定主要与社区可用避难面积和避难人口数量有关，避难场所处在建筑倒塌范围以外的全部面积都可以作为避难用地，对于含有大量树木、水面的避难场所，进行避难面积计算时应根据场所的实际情况进行折减。对于社区紧急避难人口数量确定，目前避难人口数量以社区内常住人口和流动人口的总数来计算。《城市抗震防灾规划标准》中规定服务于社区级别的紧急避震疏散场所人均有效避难面积不小于 $1.0m^2$，针对北京市而言，《北京中心城地震应急避难场所（室外）规划纲要》对紧急避难场所规定人均用地面积应大于 $1.5～2.0m^2$，其中城四区等城市中心地区人口密集、用地资源较少，紧急避难场所人均面积可以略低些，但最低不应少于 $1.0m^2$。

3. 防灾标识设置

社区防灾标识设置指社区范围内相关消防标识设置、前往避难场所的避难引导标识以及其他防灾标识应具有较好的连续性、有效性和系统性。随着国内居住社区楼宇的平面和空间规模扩大，楼宇和社区配套设施的空间布局越来越复杂，不要说初入社区的外来人员，就连物业管理者也需要一定时间才能将整个社区内部结构摸透。对于一个居住社区，它是否能够成为一个人性化的利于防灾的居住社区，最终要取决于该社区内是否有一套完整的、高质量的符合国家甚至国际标准的标识导向系统。当灾害发生的第一时间，社区居民可根据防灾导向标识自主前往安全地带；另一方面良好的标识系统能够保证消防、医疗急救等关键时刻能准确定位和到达。因此，完整的社区标识导向系统能在复杂的住宅社区中快速、准确的进行空间定位，并有效地到达避难目的地并自如地使用各种配套设施，以达到居民与社区空间融合的目的。

4. 避难场所安全性

避难场所安全性主要是指服务于社区的避难场所自身在便捷性、替代性和连接性等方面应符合社区避难容量的实际需求。我国《地震应急避难场所场址及配套设施》（GB 17342—2008）中规定避难场所应避开地震断裂带，洪涝、山体滑坡、泥石流等自然灾害易发生地段；应选择地势较为平坦空旷且地势略高，易于排水，适宜搭建帐篷的地形；应选择有毒气体储放地、易燃易爆物或核放射物储放地、高压输变电线路等设施对人身安全可能产生影响的范围之外；应选择在高层建筑物、高耸构筑物的垮塌范围距离之外。

《城市抗震防灾规划标准》中规定避震疏散场所距次生灾害危险源的距离应满足国家现行重大危险源和防火的有关标准规范要求；四周有次生火灾或爆炸危险源时，应设防火隔离带或防火树林带。避震疏散场所与周围易燃建筑等一般地震次生火灾源之间应设置不小于30m的防火安全带；距易燃易爆工厂仓库、供气厂、储气站等重大次生火灾或爆炸危险源距离应不小于1000m。避震疏散场所内应划分避难区块，区块之间应设防火安全带。除规范规定的周边环境、危险源距离要求外，服务于社区的中小型避难场所至少有两个不同方向的出入口，且为方便民众避难速率和救援车辆的进出，与出口邻接的道路不应小于8m，场所外围道路有效宽度不少于4m。

5. 配套设施完备性

难场所配套设施主要是指为保障避难人员基本生活需求，而应设置的配套设施，主要包括：①救灾帐篷；②简易活动房屋；③医疗救护和卫生防疫设施；④应急供水设施；⑤应急供电设施；⑥应急排污设施；⑦应急厕所；⑧应急垃圾储运设施；⑨应急通道；⑩应急标志等设施。

我国避难场所目前主要分为3个层次：中心避难场所、固定避难场所和紧急避难场所。但是对于服务于社区级别的紧急避难场所作为一个短期过渡性避难场所，其配套设施的配置要求低于固定和中心避难场所。

疏散道路体系在整个灾害发生时序上，是第一个开始运作的防灾空间系统，与其他空间防灾系统紧密相关，各防灾空间系统都需借助道路的正常运作才能完成。道路空间不仅作为第一开放场所，也是作为通往避难场所的重要通道，直接影响避难救灾的效率。民众进行避难行为时，道路的安全性极为重要，若在避难时发生道路阻塞、坠物等情况会对避难疏散人群造成伤害。此外，道路系统与后期的伤员、物资的运输、与外界中心避难的连通都起到至关重要的作用。造成道路阻断的因子有很多，主要是路面破坏、桥梁及高架桥的坍塌、道路构筑物倒塌、生命线破坏和边坡或挡土墙破坏等，目前大多数文献对于道路完好度评价都是基于道路震害预测结构进行的定性评价，但对于社区道路而言主要破坏形式还是建筑物倒塌引起的道路阻塞造成道路通行功能丧失，对于社区道路体系，选取道路阻塞率来评价其阻塞危险度，社区与外界的出入口数量来衡量其与外界的连通性能，无障碍设施的设置来体现其人性化。

6. 道路阻塞危险度

疏散道路阻塞危险度主要是指灾害作用下社区内道路被阻塞的危险程度，主要利用道路阻塞率来衡量其危险度，道路阻塞率主要与道路有效宽度和沿街建筑类型有关。

在城市规划中常用高宽比概念来控制道路与沿街建筑的比率，若高宽比过大，则街道空间较为封闭，如果某一建筑物倒塌很可能将道路完全截断，造成该道路完全失效。反之，若高宽比较小，即使其沿线建筑物倒塌率很高，也只会影响道路的通行容量而不会完全阻断道路，因此道路高宽比越小，表示道路的阻断概率越小。

道路阻塞率与其沿路建筑类型也具有一定的相似性，这里将沿路建筑分为平房（包括沿路大量围墙）、多层砖混房屋、框架房屋（包括底层框架房屋）3种类型，为简化计算各类房屋高度取层高为3.0m，分别估算其在当地的地震烈度下的严重破坏和倒塌的比例。因各类房屋倒塌后其瓦砾分布范围一般不会超过其高度的一半，因此取相对保守值2/3，计算时假设其均匀分布。

7. 出入口数量

社区出入口数量是指社区范围内与外围主要道路的出入口数量，主要包括人行出入口和机动车出入口，出入口数量越多表明社区与外界的连通性越好。《城市居住区规划设计规范》（GB 50180—93）中规定小区内主要道路至少应有两个出入口，居住区内主要道路至少应有两个方向与外围道路相连，机动车道对外出入口间距不应小于150m。沿街建筑物长度超过150m时，应设不小于4m×4m的消防车通道。人行出口间距不宜超过80m，当建筑物长度超过80m时，应在底层加设人行通道，根据《民用建筑设计通则》中规定，机动车出入口位置，与大中城市主干道交叉口的距离，自道路红线交叉点量起不应小于70m。对社区出入口数量的评价，社区内至少存在两个不同方向的机动车出入口，社区出入口数量越多，社区与外界的通达性更好。本研究以社区出入口数量来评价其连通性的优劣。

8. 无障碍通道设置

社区无障碍通道设置主要包括建筑出入口无障碍设置、道路缘石坡道设置和盲道设置、社区避难场所入口无障碍设置。反映出对老人和残疾人等弱势群体的关注程度。

《无障碍设计规范》（GB 50763—2012）中定义居住区道路进行无障碍设计主要包括居住区的路人行道、小区路的人形通道、组团路的人行通道和宅间小路的人行道。居住区道路应设有路缘石的各种路口设置缘石坡道，公共建筑入口公共绿地入口等人行横道外设置，缘石坡道使无障碍道路保持连贯以形成系统,《城市居住区规划设计规范》中规定居住区公共活动中心应设置为残疾人通行的无障碍通道,通行轮椅车的坡道宽度不应小于 2.5m,纵坡不应大于 2.5%。当居住区内用地坡度大于 8% 时,应辅以梯步解决竖向交通,并宜在梯步旁附设推行自行车的坡道。评价过程中主要考察社区内建筑无障碍坡道的设置、道路缘石坡道设置以及避难空间的无障碍设施设置情况。

根据我国城市行政体系和实际状况,将我国城市防灾空间结构体系划分为城市级、区级和社区级 3 个结构层,每一个结构层次自成体系又相互连通,这样有利于整个城市的整体防灾。社区防灾空间结构是指社区中各类各级防灾空间和防救灾设施的布局形态与结构形式。社区所遭受的各种灾害风险的高低,面对灾害所能提供的防灾资源的多少、救灾效率的高低、社区自身防灾效果的好坏都与社区的防灾空间结构密切相关。一个良好的社区防灾空间应具有良好的安全性、可达性、网络性和均衡性。社区的防灾空间规划除了考虑自身的防灾空间结构外,还应与城市总体防灾空间结构相适应,对于社区防灾空间结构一般来说是防灾空间设施的"点—线—面"结构形式。

针对社区级别防灾空间中的"点"主要包括以下项目:①避难场所,如社区内学校、绿地、空地等;②防灾据点设施,如消防站、医院、体育馆等;③重大次生危险源,如储气站、加油站、变电所、工业危险据点等。

防灾空间中的"线"主要是包括以下项目:①防灾安全轴,如防灾阻断带,防火树林带、沿途阻燃建筑物构成的安全通道;②避难路径与消防通道,如城市疏散干道,救灾干道等;③自然地带如河岸、海岸、铁道等。

防灾空间中的"面"主要是包括防灾分区、土地利用防灾规划,社区防灾生活圈的规划建设,其防灾面区域应与城市防灾分区相适应。社区防灾的"点—线—面"应与所在城市或区域的防灾空间规划相融合,使之构成一个统一的防灾共同体,其总体防灾空间结构示意图如图 7.8 所示。

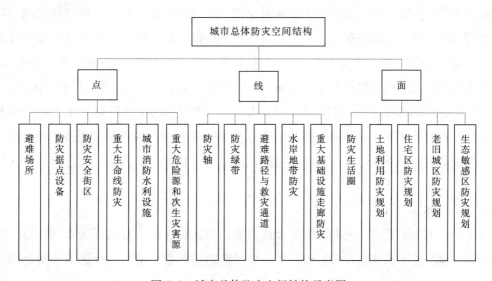

图 7.8 城市总体防灾空间结构示意图

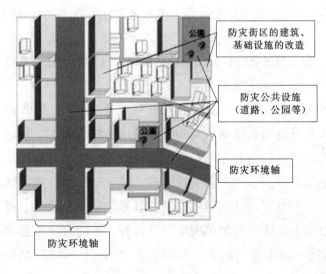

图 7.9 社区防灾环境轴示意图

此外，应结合我国对救灾干道、疏散主干道、疏散次干道等不同级别疏散道路的具体功能范围，以防灾社区为单位融合"防灾环境轴的概念"（图 7.9），防灾环境轴以城市救灾干道、疏散主干道、疏散次干道和城市防灾基础社区为"轴"的概念，其中以城市救灾干道为"中心轴"，以城市疏散干道"主轴"，以城市疏散次干道为"次轴"来构建社区的防灾"环境轴"，其中各类级别的轴线相互联系，破坏性灾害发生时由服务于社区级别的"轴线"逐渐向高级别的轴线转移，形成一个可持续发展、可循环的城市"防灾环境轴"。

7.5 城市救灾体系在城市防灾中的作用

城市救灾体系是指在灾害发生后能够第一时间给予灾区必要的消防、医疗、物资等急需供应的系统体系，对此体系的评价分为以下 6 个方面。

1. 消防可达性

消防可达性是指消防车到达社区外围（辖区边缘）所需要的时间。该指标的大小反映了灾害发生时，消防救援力量能否及时到达社区展开救援工作。对于社区来说其内部不一定有消防站，因此消防机构的覆盖能力就很关键，选取社区消防可达性作为评价因素。我国《城市消防规划规范》中规定城市规划区内普通消防站的规划布局，一般情况下应以消防队接到出动指令后正常行车速度下 5min 内可以到达其辖区边缘为原则确定，其辖区面积不应大于 15km²。关于消防站评价等级的划分，高晓明将专业消防救助到达时间分为 4 个等级，分别为好（小于 5min）、较好（5～9min）、中（9～17min）和差（大于 17min）4 个等级，城市消防车行车速度为 400m/min 估算出消防站服务半径为 2km，以面积为 15km² 的圆面积计算出服务半径为 2.18km，因此取消防站的服务半径为 2km，以消防站与社区外围的距离大小来衡量社区消防可达性的优劣，社区距离消防站越近则认为社区消防可达性越好。

2. 消防活动困难率

区域消防活动困难率是指社区内消防活动难以到达的区域面积占社区总面积的比值。其与社区消防栓的部分，消防通道的分布有关。根据消火栓及消防车的覆盖范围，社区消防活动困难率的计算方法如下：

$$社区消防活动困难率 = \frac{社区总面积 - 消防活动覆盖面积}{社区总面积}$$

消防活动困难率中所包含的影响因素：一方面是社区消防通道的区位布置；另一方面是社区内室外消火栓数量的分布，评估区域的社区内消防通道的分布、消防栓数量、服务半径是影响火灾救援时效的关键因素。根据《建筑设计防火规范》室外低压消火栓给水的保护半径一般根据国产消防车供水能力和消防车出水操作计算，室外低压消火栓给水的保护半径一般按消防车串联 9 条水带考虑，火场上水枪手留有 10m 的机动麻质水带，如果水带沿地面铺设系数按 0.9 计算，那么消防车供水距离为 $(9 \times 20 - 10) \times 0.9 = 153$ （m）。室外高压消火栓给水的保护半径按串联 6 条水带考虑，同样计算，其保护半径为 $(6 \times 20 - 10) \times 0.9 = 99$ （m）。此外，规范要求考虑火场供水需要，室外低压消火栓最大布置间距不应大于 120m，高压消火栓最大布置间距不应大于 60m。对于社区消防设施评价计算中按照室外低压消火栓取 150m 为消防覆盖有效半径，画出同心圆未能覆盖的面积占社区总面积的比值为消防活动到达困难区域率。

3. 消防通道完备程度

消防通道的完备程度主要是指社区与外围道路消防通道是否满足规范设置要求，在满足设置要求情况下其是否满足其功能使用需求。消防通道是社区的生命通道，是第一时间进行救援任务的重要保障，社区消防通道包括室外消防通道和室内消防通道，这里主要考虑室外消防通道。我国《建筑设计防火规范》要求街区内道路考虑消防车的通行，道路中心线间距不宜超过 160m，当建筑物的沿街部分长度超过 150m 或总长度超过 220m 时宜设置穿过建筑物的消防车通道；消防车通道净宽度和净空高度均不应低于 4m，与建筑外墙相距宜大于 5m；石油化工区的生产工艺装置、储罐区等处的消防车通道宽度不应小于 6m，路面上净空高度不应低于 5m，路面内缘转弯半径不宜小于 12m；消防车通道的坡度不应影响消防车的安全行驶、停靠、作业等，举高消防车停留作业场地的坡度不宜大于 3%；消防车通道的回车场地面积不应小于 12m×12m，高层民用建筑消防车回车场地面积不宜小于 15m×15m，供大型消防车使用的回车场地面积不宜小于 18m×18m。在此主要考察社区内明确标明消防通道是否满足设置和功能要求，其中设置要求以规范的相关要求为评价基准，功能要求主要是以社区消防通道是否被私人车辆、商铺和杂物占用等实际使用情况为标准。根据上述分析要求主要以是否满足规范设置要求，是否满足功能使用要求两方面来进行划分。

4. 医疗救护体系

灾害发生后肯定会有一定人员的伤亡，灾后迅速有效地对伤员进行救治工作，是灾后救援的主要任务。在医疗距离近，设备齐全，医护人员数量多的区域往往比医疗条件落后的地区伤亡比率更小。因此医生数量的多少和医院的床位数直接关系到灾后救治伤员的能力。对于社区而言，灾难发生后居民一般都是就近就医，因此考虑社区内医疗可达性、千人配备医生数量和千人床位数为考核指标来评价社区灾后的医疗救护能力。此外，伤员的救治有一个时间差过程。有调查显示，汶川地震中收治的 1861 例病患进行了地震伤员伤情分析，结果表明地震中以骨折伤情为主，医院应多配备相关的医疗资源，随着地震发生后一个星期左右医院的就诊人数会剧增达到峰值，因此社区周边医院应注意医疗资源的配备数量。

5. 医疗可达性

社区医疗可达性是指社区居民自行步行到达社区医疗卫生单位所需要的时间。

近年来我国许多城市开始推广社区"15min 就医圈"的医疗模式，即居民步行 15min 就能到达一所医疗机构，从社区入口出发，步行到最近的医院（无论是社区卫生服务中心，还是二级、三级医院）所需要的时间，至少为社区卫生服务中心，不含其服务点，这里以 15min 为标准值来评价社区的医疗可达性。

6. 每千人口医生及床位数

社区千人医生数是指社区范围内，每千人口居民拥有的具备行医资格的医生数量。该指标反映灾后社区的医疗救护能力，医生数量与社区人口的适应性。社区千人口床位数是指社区根据社区人数所应配备的床位数量。该指标也是反映医疗资源与社区人口的适应性。

据我国卫生部门统计，截至 2011 年年底，我国每千人口执业（助理）医师数为 1.82 人。如果按照全国平均标准计算的话，在实地调查过程中城市大多数人口密集的社区该指标数值偏低，因此参考我国卫生部规定的千人口医生数为 1.0 的标准进行计算。

7.6　防灾社区的评价和推进示范社区建设的方法

社区在防灾、避灾、抗灾、救灾等方面的能力直接关系到整个城市的防灾减灾能力，根据不同功能社区呈现出不同的防灾特点，相应于其防灾目标也有着不同的要求，因此提高城市社区的防灾能力，对于城市整体的防灾能力的提升将起到重要的作用。针对社区防灾的特点建立合理的社区防灾指标体系，从城市社区外部环境和内部设施完善程度防灾角度出发，着眼于城市未来的发展需求，对城市社区防灾能力做出合理的评价，注重社区整体防灾能力，明确社区整体防灾的薄弱点，并建立和完善阻止灾害传递与扩大的有效机制，对于提高我国城市的防灾能力水平具有重要的意义。

防灾社区不仅要有基本社区的功能，还能够在灾害来临之时，为社区居民提供理想和安全的临时避难场所，避免次生灾害的发生。图 7.10 所示为理想社区避难场所示意图，避难场所不仅需要足够的面积还需要完备的救灾物资及应急设施设置和便利的交通。

城市中各种不同特征的社区（包括新建社区、成熟社区及老旧社区等）存在各种各样的防灾隐患。因此，从城市社区构成主体及外部环境防灾角度出发，着眼于城市未来的发展需求，系统研究社区防灾评价方法，设立一套科学、合理的"防灾社区"评价体系，在防灾社区建设过程中，并结合我国的实际情况，开展防灾能力提升的相关技术研究，对于提高我国城市整体防灾能力和水平具有重要的意义。除台风、地震、洪涝这类大规模自然灾害外，城市社区灾害爆发都有一定的源头，例如火灾则可能是在加油站、社区储气站、变电站以及某化工厂等局部地段发生，如若处理不当则会蔓延成区域，甚至是全城性蔓延。防灾社区的建设就是要将社区潜在风险消灭在社区层面，最终

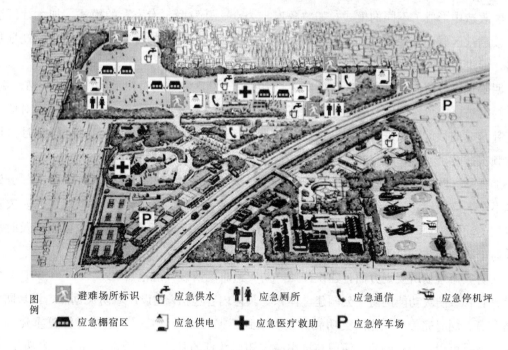

图例　**▶** 避难场所标识　**↑** 应急供水　**👤** 应急厕所　**📞** 应急通信　**🚁** 应急停机坪

▦ 应急棚宿区　**▨** 应急供电　**✚** 应急医疗救助　**P** 应急停车场

图 7.10　理想社区避难场所示意图

实现整个地区或城市各个击破、化整为零的防灾结构模式，可避免灾害无序扩散，有效降低伤亡和损失。目前减轻城市灾害主要是通过城市层面的规划和单体工程的抗灾设计，社区作为城市整体的基本生活细胞，是人口密集、城市基础设施、生活设施集中的区域，在应对各种自然灾害等中是最直接的承灾体，因此社区的防灾减灾建设是提高城市整体防灾能力的一个重要组成部分。此外，与整个城市或地区防灾相比，社区防灾具有明显的针对性、易操作性和合理性，针对区域的自然环境及危险度状况，基于避难场所（设施）、疏散道路等防灾资源的分析等，在提高建筑物等建筑的抗震能力的同时，进行防灾资源的建设与整备，包括在社区小范围防灾区域内合理设置疏散通道，充分利用绿地、小公园、操场等开阔地作为应急避难场所等，从社区防灾角度来说来说更加容易实现，通过对城市中各个社区防灾能力提升的逐步推进，点面结合，最终实现城市整体防灾能力的提升。

在未来一段时期内，社区防灾建设面临的工作主要包括以下 5 个方面：

（1）加强社区学校与周边居民区的有效连接机制。目前，我国社区内学校作为避难场所建设的机制不够完善，社区大多学校都没有进行防灾避难功能的基础性建设，同时大多数学校基本不对社区居民开放。加强社区学校防灾避难功能建设，一方面需要提高学校校舍的抗震性能；另一方面需把社区学校防灾教育和学校与社区居民的防灾演习形成常态化。

（2）进一步改造和加固老旧社区。城市中老城区老旧社区数量多，社区基础设施薄弱、人口和建筑密度较高、环境差、道路及公共设施拓展空间有限，许多社区处于中心城区，改造起来工程量大，投入资金多，此外还存在开发改造与城市总体规划不协调和房屋权属较复杂等问题。我国各大城市在社区改造中形成了不同的模式，如"政府＋公众＋开发商＋专家"的模式，加大社区居民的参与度，鼓励社区居民等社会力量参与旧城改造；针对各老旧社区的特点，制定相应的规划目标和改造策略，促进中心区人口向外疏解。

（3）明确社区危险源，提高社区危险识别能力。对于社区潜在的危险源如燃气转换站、变电站、加油站、易滑坡区等危险区以及其他危险源进行彻底的排查，及时做好应急防护措施，对危险源进行登记，并及时向社区居民进行公布。进一步加强社区志愿者队伍的建设与培训，增加社区居民的防灾演的频次。

（4）加强社区防灾资源的建设与管理。部分社区防灾资源由于长期管理不善，造成部分资源缺失、功能不全。应当建立社区级别的防灾资源基础数据管理系统，每个社区对本社区的防灾资源进行实时有效的动态管理，便于上级对该区域防灾资源的调配以及社区防灾资源数据能够及时反馈给上级，并与上级做出防灾决策。

（5）在防灾避难场所规划方面，建议按照《防灾避难场所设计规范》（GB 51143—2015）的要求规划建设具有梯级防灾功能的防灾公园建设体系。具体内容包括：建设广域防灾据点、区域防灾公园和避难据点等。同时完善与强化防灾功能，逐步达到震灾时能开展救援、避难、恢复重建等活动的基本要求，平时可以作为开展防灾演习与抗震减灾知识教育的基地。集节能、环保、多功能（运动、防灾教育、防灾体验、临时指挥和医疗）为一体的梯级防灾综合公园的建设，将在城市防灾规划中发挥越来越大的作用。

本 章 参 考 文 献

［1］ 陈亮全. 防灾社区指导手册［M］. 行政院灾害防救委员会，2006.

［2］ 胡敏捷. 社区定义辨析［J］. 安庆师范学院学报，2010，29（2）：40-44.

［3］ 孙燕，姚林，孙峥. 城市生态安全多层次灰色综合评价［J］. 中国安全科学学报，2008，18（2）：143-149.

［4］ 国家安全生产监督管理局. AQ/T 9001—2006　安全社区建设基本要求［Z］. 国家安全生产监督管理总局，2006.

［5］ 中华人民共和国民政部. MZT 026—2011　全国综合减灾示范社区创建规范［S］. 北京：中国社会出版社，2012.

［6］ 吴新燕. 城市地震灾害风险分析与应急准备能力评价体系的研究［D］. 北京：中国地震局地球物理研究所，2006：25-34.

［7］ 高杰，钟慧，冯启民，等. 考虑抗震防灾要求的居住区规划方案评价方法［J］. 世界地震工程，2009，25（4）：52-58.

［8］ 中华人民共和国住房和城乡建设部. 城镇防灾避难场所设计规范［M］. 北京：中国建筑工业出版社，2012.

［9］ 中华人民共和国民政部. 城市社区应急避难场所建设标准［Z］. 北京：中国计划出版社，2017.

［10］ 中华人民共和国建设部. GB 50413—2007　城市抗震防灾规划标准［S］. 北京：中国建筑工业出版社，2007.

第8章 我国房屋建筑地震保险制度的推广与应用

随着我国城市化进程的逐步加快与经济社会的高速发展，地震带来的经济损失将会成倍增加。鉴于我国地震形势与状况，我国急需一个有效的地震保险制度来减少地震风险所带来的损失。国内外震害事例均表明，完善房屋建筑地震保险制度不仅对于推动地震灾后的经济重建、减轻国民经济负担，而且对于提高工程质量、推广建筑新技术的目标均具有重要的意义。目前我国传统的房屋建筑震损补偿机制以政府主导为主，由于市场化程度有限，直接导致补偿效率较低。探讨建立地震补偿机制，如何从根本上解决，完善我国房屋建筑抗震性能评价、震损评估、补偿标准等相关问题就显得十分必要。

8.1 国内房屋建筑地震保险制度发展历程

从财产保险的角度看，我国地震保险的发展经历了3个阶段：

第一阶段：发展初期（1951—1958年）。20世纪50年代初，按照当时中央人民政府政务院的决定，由中国人民保险公司负责具体推动，国家机关、国有企业、合作社的绝大多数财产都办理了财产强制保险，其中地震属于基本责任范围。同时，在部分省份还为农业生产提供了包含地震在内的巨灾风险保障。但由于历史原因，1959年我国全面停办国内保险业务，地震保险制度建设因此停滞了20多年。

第二阶段：恢复时期（1980—1996年）。1979年，国务院决定逐步恢复国内保险业务。在政府的大力支持和保险公司的积极推动下，地震保险得到了较快的发展。在这个时期，面向我国企事业单位的财产保险、工程保险、车辆保险、船舶保险、货运保险，面向居民的家庭财产保险，面向农民的农业保险，均包含了地震风险保障，地震保险的积极作用也得到了初步发挥。

第三阶段：限制与规范发展时期（1996年至今）。1996年，中国人民银行考虑到我国的地震保险经营缺乏科学的精算基础，为了确保保险公司稳健经营，决定将"地震所造成的一切损失"列入绝大多数财产保险的责任免除条款，地震保险的经营受到严格限制。与此同时，相关的地震保险研究工作正在加快推进。

党的十八届三中全会《中共中央关于全面深化改革若干重大问题的决定》（简称《决定》）明确提出"完善保险经济补偿机制，建立巨灾保险制度"。《国务院关于加快发展现代保险服务业的若干意见》（简称《若干意见》）提出建立巨灾保险制度，并明确了研究建立巨灾保险基金、制定巨灾保险法规等具体要求。为贯彻落实《决定》和《若干意见》，保监会会同财政部制定"建立巨灾保险制度"的具体工作计划。按照工作计划，拟三步走建立巨灾保险制度，即：2014 年年底前，完成建立巨灾保险制度的专题研究，明确巨灾保险制度的框架；2017 年年底前，完成巨灾保险的立法工作，推动出台"地震巨灾保险条例"，研究建立巨灾保险基金；2017—2020 年，全面实施巨灾保险制度，将其逐步纳入国家综合防灾减灾体系之中。与此同时，相关的地震保险研究工作也在迅速推进。2015 年 8 月 20 日，全国首个农房地震保险试点在云南省大理白族自治州启动，在 3 年的试点期限内，将为大理白族自治州所辖 12 县（市）82.43 万户农村房屋及 356.92 万大理白族自治州居民提供风险保障。

8.2 国内房屋建筑地震保险制度存在的问题

目前我国传统的房屋建筑震损补偿机制以政府主导为主，由于市场化程度有限，直接导致补偿效率较低。虽然能及时有效地在地震发生后对灾区进行补偿救助，但是其补偿资金主要来源于财政收入，而我国作为一个发展中国家，政府的财政收入总量是很有限的，当地震灾害发生时，财政的损失补偿相对于灾害所造成的损失而言是非常有限的。

我国房屋建筑震损补偿机制存在的主要问题包括：

（1）建筑工程遭遇地震灾害损失评价的指标与体系不健全。现有研究地震灾害风险评价都是基于地震灾害危险性大小，采取地震动参数或地震烈度评价一个地区的地震灾害风险，地震危险性大；城市地震灾害风险的大小还取决于承受地震灾害的能力和抗震救灾能力，我国地震灾害的损失、评价指标与体系的研究有待进一步开展。

（2）不同结构形式的灾害震损补偿标准与划分方法不明确。由于缺乏科学合理的定损标准，给建筑结构震损补偿机制的实施带来了困难。目前我国补偿承担比率划分中还存在较多问题，例如，对震后房屋建筑发生破坏程度大小的震损补偿比例没有规定；由于设计不合理、施工中偷工减料、监管不到位等造成的震后的赔付比例增加的补偿承担措施界定不清晰；房屋建筑采用抗震新技术、新材料和新结构体系带来的震后补偿比例减小的情况应承担的补偿费用比例没有相应的政策与法规。

（3）在推广建筑结构新工艺、新技术、新材料的应用与实施方法等方面缺乏促进机制。目前我国防区建筑设计中针对新工艺、新技术和新材料的推广应用并没有明确的规定，且缺少建筑工程结构新技术推广应用可行的政策措施。由于目前抗震措施投入多、成本高等困难和矛盾造成大量的房屋建筑达不到抗震设防要求，因此，加强我国房屋建筑建设新技术推广应用，充分利用先进技术和设备，大力提倡自主创新，提高我国房屋建筑的整体抗震能力与安全性势在必行。

（4）房屋建筑震损灾害的认定机构和程序不明确，房屋建筑震损补偿的实施方法有待进一步明确。目前我国针对建筑结构地震损害的认定机构与认定程序不清晰，缺少完整的建筑工程结构震损补偿体系，在实际操作过程中房屋建筑地震损害认定及针对不同建筑结构的技术特征的等级划分等还需进一步的研究。

在建立地震灾害损失补偿体系方面，应充分调动各方面积极性。明确适合我国国情的房屋建筑震损补偿标准框架，包括震损补偿在震后重建的作用与实施方案。

（5）科学化和规范化的震损补偿管理体系有待进一步研究，引入震损补偿后所需的相应法律法规有待进一步完善。科学化和规范化的震损补偿管理体系是进行国家抗震防灾管理的科学化和规范化的重要一环，而针对我国房屋建筑震损补偿机制的改革应有相应的配套法律法规，且需要有细化的法律条文和具体规章制度来明确地震保险制度的发展方向、总体框架、运行模式，来保证我国房屋建筑灾后补偿的顺利实施。因此，建筑震损补偿机制的改革必然要求我国防灾法律法规体系的进一步更新，更新后如何达到科学化和规范化的管理来促进补偿机制的合理化发展，有待进一步的研究。

8.3 其他国家房屋建筑地震保险制度现状

从 20 世纪开始，世界各国陆续将地震保险列入保险责任范围，目前约有 15 个国家有专门开展地震保险业务的保险公司，还有大约 300 家保险公司有地震保险附加业务，逐渐建立起了比较成熟的，与其经济发展条件、文化、政治背景相协调的地震保险制度，其中以日本、美国和新西兰地震保险最具有代表性。

8.3.1 美国加州房屋建筑地震保险制度现状

加利福尼亚州位于美国西部，南邻墨西哥湾，西濒太平洋，是美国经济最发达，人口最多的州。由于加利福尼亚州坐落在环太平洋的地震带上，且位于安德利亚断层，因此经常发生地震，当地居民饱受震灾之苦。美国历史上损失最严重的地震 90％都发生在加利福尼亚州。

1994 年加州北岭发生 7.1 级地震，此次重大的地震灾害促使加州政府于灾后一年，即 1995 年出台了《住宅地震基本险保单范本》。同时为了解决居民住宅保障问题，于 1995 年颁布了《住宅地震保险基本法》，并成立了加州地震保险局（California Earthquake Authority，CEA），设立了管理委员会。此外美国还针对其主要面临的洪水风险制定了 1968 年的《国家洪水保险法》和以此为基础的《国家洪水保险计划》（NFIP）、1973 年的《洪水灾害防御法》等系列法律。

在经营主体方面，美国加州地震保险制度的核心机构是 CEA。CEA 成立于 1996 年，通过市场筹资组建，是一公司化组织，属于公共部门的组成部分，受加利福尼亚州保险委员会监督，由政府官员、会员保险公司以及地质科学机构共同经营管理。

商业保险公司可以自愿选择加入 CEA。若不加入，则保险公司必须在经营财产保险的同时将地震保险作为附加险一起出售，只能将风险自留。若选择加入，则需按照市场份额出资筹建 CEA，同时仍需负责保单的销售、保管和理赔工作，但可以得到承保保费 10％的佣金和 3.65％的营业费用。加入 CEA 一方面可以最大限度地分散公司所积累的地震风险；另一方面商业保险公司在提供承保、理赔等服务的过程中，可获得一定的佣金收入，增加公司的营业收入。但是公司需要按照市场份额向 CEA 提供资金；巨灾过后承担一定的摊派责任；丧失地震保险费率厘定的权利等。

在运行模式方面，CEA 与加入该组织的商业保险公司一起经营地震保险。其中，由 CEA 公司会员销售的地震保单约占市场份额的 2/3。无论是 CEA 还是非会员商业保险公司，都充分利用再保险市场和资本市场进行风险分散。此外，CEA 若在巨灾后出现偿还能力危机，则可通过发行债券及财政借款使自己走出困境，事后借款会在各会员保险公司间摊派。可见，加利福尼亚地震保险运行模式（图 8.1）较为简单，工作效率较高。

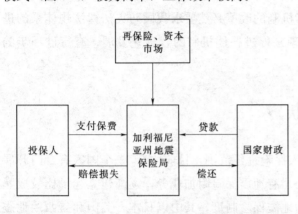

图 8.1 加利福尼亚州地震保险运行模式

在保险产品设计方面，首先明确保险责任。CEA 专门为居民房屋提供地震保险，但不承担非地震保险及由地震保险引发的次生风险，如火灾、爆炸、盗窃等，也不承担责任风险。其以最小保单的形式提供保障，既仅对住宅和室内物品提供保险。由地震导致的诸如游泳池、院落、绿化区、汽车通道、车库等附属建筑物的损坏被列为除外责任，这样不仅为灾后居民的生活提供基本保障，而且有利于控制自身承担的风险。此外，CEA 还通过设置免赔额和保险限额控制风险。

在保费厘定方面，CEA 使用 EQE International（美国三大巨灾建模公司之一）研发的地震模型对风险进行评估，根据损失期望确定费率高低。其在费率厘定过程中主要考虑两方面的原因：一方面是由地质科学机构提供的与地震强度和地震发生的概率相关的信息；另一方面是损失期望，即根据建筑物类型、年限、地表结构、整修状况、距地震带距离等条件，估算的损失值。因此，CEA 将加州划分为 19 个费率区，且费率差别较大。大体在 1.1～5.25 美元（每千美元保障）之间波动。对不同的风险区域实施差别费率，可以很好地体现公平的原则。

此外，CEA 还通过费率优惠政策——为增强抗震性而对房屋进行加固的被保险人实行了 5% 的费率优惠，鼓励投保人积极实施防灾防损工作。为保证房屋加固工程的顺利实施，1998 年 CEA 建立了地震损失减灾基金，专门为通过加固房屋来增强抗震性的被保险人提供贷款或给予补贴。

8.3.2 日本房屋建筑地震保险制度现状

日本作为世界地震多发国家，其地震保险制度在 1964 年日本新潟地震后就已经逐步建立并完善，其房屋建筑震损补偿机制发展较为成熟。尤其是 1995 年日本阪神大地震的发生，引发了居民购买地震险的浪潮，使地震险的普及率由 2.9% 上升到 20%，如图 8.2 所示。

日本地震保险承保对象仅限于居住用建筑物（专用建筑、并用建筑）和生活用动产（家庭财产）。其地震保险是基于政府主导，在保险公司无力支付时进行补偿。1964 年日本发生了受灾严重的新潟地震，以此次震灾为契机，日本政府与财产保险公司开始共同研究有关地震保险等问题，于1966 年日本出台了《地震保险法》《地震再保险特别会计法》以及一系列配套法规，针对地震保险的

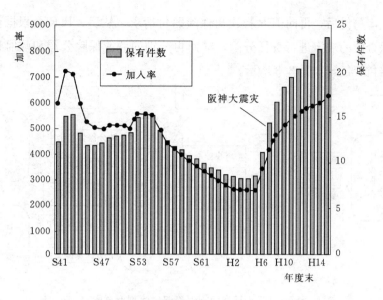

图 8.2 日本地震保险的投保率和加入率比较

运作机制做出了全面详细的规定，包括投保、承保、再保险、地震保险基金、地震保险证券化和地震保险监管等。1995 年阪神大地震后，日本又对地震保险的内容、保险金额和保费支付做出了重大调整，形成了现在的日本地震保险制度。

在经营主体方面，日本地震保险制度的核心机构是日本地震再保险株式会社（Japan Earthquake Reinsurance，JER）。JER 是由日本的商业保险公司共同建立的，引入了地震再保险机制，是日本唯一一家相应的株式会社。

保险公司将向 JER 全额分保，JER 再将所有承保风险分为 3 部分：一部分自留，一部分按各保险公司承保的财产保险的市场份额转分包给各保险公司，一部分转分包给政府。

在运行模式方面，日本地震再保险体系中包含 3 个主体：商业保险公司、JER 以及日本政府。JER 于 1966 年由商业再保险公司共同出资成立，充当着商业保险公司和政府之间的纽带和桥梁。首先，在向商业保险公司投保火灾保险附加地震责任险后，保险公司将接受地震保险向 JER 全额分保，签订"地震保险再保险特约 A"（简称"A 契约"）。然后 JER 又将再保险分成 3 份，一部分反向转分包给商业保险公司，并与之签订"地震保险再保险特约 B"（简称"B 契约"）；一部分转分包给日本政府，并与之签订"地震保险超赔再保险契约"（简称"C 契约"）；最后一部分自留。这样一个由两级再保险、三方主体和三个再保险合同组成的地震再保险体系将日本巨大的地震风险明确地分散开来。

在保险产品设计方面，根据日本《地震保险法》和《地震保险普通保险条款》的规定，地震保险作为火灾保险的附加险而存在，不能单独投保，保险标的仅限于住宅建筑物和生活用品。地震保险责任包括地震、火山、海啸以及由此引发的火灾、埋没、损坏、流失等直接或间接对保险标的造成的损伤，且损失程度必须达到全损半损以及部分损失的认定标准。

在偿付能力分析方面，地震发生后投保人首先向商业保险公司申请索赔，保险公司根据合同约定对投保人进行相应赔付后,再向 JER 提出再保险赔付请求。然后,JER 会根据商业保险公司索赔的额度以及转分保合同的规定进行责任分配,继而再分别向商业保险公司和政府进行相应索赔,自身也承担相应的赔付责任,如图 8.3 所示。

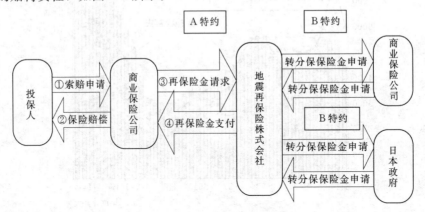

图 8.3　日本地震保险赔付流程示意图

8.3.3　新西兰房屋建筑地震保险制度现状

新西兰是世界上最早把地震险作为主险种列为法定险种的国家,也是运行最成功的国家。新西兰位于环太平洋地震带上,平均每年发生地震近 3000 次,抗击地震灾害早已成为新西兰民众生活的一部分。1942 年首都惠灵顿地区和怀拉拉帕地区发生里氏 7.2 级地震,造成大量房屋建筑严重受损。震后许多房屋在数年后都未能修复,主要原因就是没有足够的赔偿金。为汲取这一教训,1944 年新西兰颁布《地震与战争损害法》。1945 年政府成立了当时称为"地震与战争损害委员会"的机构来提供相应的保险项目。1993 年新西兰国会通过地震委员会法案,地震与战争损坏委员会正式更名为地震委员会(EQC),负责地震保险事务。

在经营主体方面,新西兰地震保险的承保主体由 EQC、保险公司和保险协会 3 个部分组成,分属政府机构、商业机构和社会机构。其中 EQC 负责法定地震保险的损失赔偿;保险公司代理销售法定地震保险并提供商业地震保险保障超出法定地震保险限额部分的房屋和财产;保险协会负责启动应急计划。三类机构权责清晰,分工明确,在救援、勘察、定损、理赔、重建等环节上团结合作,共同为社会民众提供服务和保障。

在运行模式方面,新西兰地震保险制度采取的是公私合作模式,对法定保险限额以内的部分,由 EQC 承担,法定保险限额以上部分,由商业地震保险进行补充。EQC 对其承担的风险通过再保险市场、自然灾害基金、政府等多渠道分散,保证赔付资金的充足、赔偿过程的顺畅。新西兰地震保险制度的运行流程如图 8.4 所示。

在保险产品设计方面,新西兰地震保险采取半强制保险形式,居民向地震保险公司购买房屋或房屋内财产保险时,会被强制征收地震巨灾保险和火灾保险费。法定地震保险的保险标的主要包括居民的住宅、大部分的个人财产(不包括汽车、珠宝、证券、艺术品等特殊财产)以及住宅

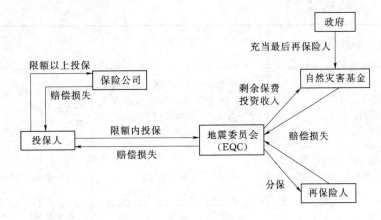

图 8.4 新西兰地震保险运行流程

周围一定范围内的土地、宅门至街道的路面、院墙等。法定地震保险承包的风险不仅限于地震保险，还包括其他自然灾害。它承保居民住宅和财产遭受地震、山体滑坡、火山爆发、地热活动、海啸、风暴、洪水以及以上原因引起的火灾而造成的直接损失，不包括间接损失，例如临时住宿费用等。

8.3.4 各国地震保险制度的对比

通过对不同的国家地震保险的发展历程、运作模式、实施方式和风险分散机制的比较分析，将不同国家地震保险制度进行概括总结，见表8.1。

表 8.1   不同国家地震保险运作模式

项目 \ 国家	美国（加州地区）	日　本	新　西　兰
制度提出背景	1994年北岭地震	1964年新潟地震	1942年惠灵顿地区和怀拉拉帕地区地震
制度模式	公私合作型	公营	公私合作型
法律法规	1995年《住宅地震基本险保单范本》	1966年《地震保险法》和《地震再保险特别会计法案》	1944年《地震与战争损害法案》 1993年《地震保险委员会法案》
承保主体	加利福尼亚州地震保险局	商业保险公司、日本地震再保险株式会社和日本政府	地震委员会、保险公司、保险协会
保险标的	A. 住宅； B. 附属建筑物； C. 宅内财产； D. 因丧失使用引起的费用	用于居住的住宅、生活家庭财产（不包括价值超过30万日元的贵重物品，如珠宝、字画、古董和有价证券）	住宅、个人财产、土地
承保风险	由于地震所引起的房屋和屋内物品损失；由于地震而引起的火灾、盗窃、爆炸等损失为除外责任	地震、火山爆发以及由此引发的海啸、火灾所造成损坏、掩埋或流失而导致的损害	地震、山体滑坡、火山爆发、地热活动、海啸、风暴、洪水以及以上原因引起的火灾

续表

项目　国家	美国（加州地区）	日　本	新　西　兰
保险金额	A. 不超过伴随保单的限额； B. 不在承保范围内； C. 5000 美元； D. 1500 美元	为所附加的主契约的保险金额的 30%，住宅建筑物的赔偿限额为 5000 万日元，而家庭财产的最高理赔额为 1000 万日元	房屋最高保险额为 10 万新西兰元（折合人民币约 531350 元），财产最高保险额为 2 万新西兰元（约 106270 元）
保险费率	代理佣金 10%、服务费 4%、法律规定费用率不超过 17%；免税待遇	费率在 0.5%～3.55% 之间	单一费率 0.05%
实施方式	半强制保险	强制保险	半强制保险
风险分散	利用再保险市场和资本市场进行分散。此外，还可通过发行债券及财政借款走出困境	再保险市场、海外再保险市场	再保险市场、自然灾害基金、政府之间分散
资金来源	国家财政局贷款、保费收入	政府、保险公司、投保人	政府注资、保费收入、投资效益

8.4　地震保险实施策略分析

8.4.1　我国地震保险模式的推荐与设计

从世界各国综合减灾实践和发展趋势来看，地震保险是国家综合减灾体系中的重要组成部分。在我国，应考虑国情并借鉴国际经验，建立我国的房屋建筑地震保险体系。我国地震保险制度构建的基本原则改造方面还应考虑以下 4 个方面。

（1）加强地震保险的立法工作。作为巨灾风险管理制度之一的地震保险制度，首先必须要有法律的支持，而且法律的支持在整个地震保险制度设计中应居于首要位置。只有在法律上确定地震保险制度的基本框架，包括运作模式、损失分摊机制、保障范围、地震保险基金、财税支持政策等，建立地震保险制度才能得到强有力的支持和运转。

（2）采取政府主导、市场运作的方式，完善制度保障。从全世界的实践情况看，各个国家的地震保险制度的建设均是由政府主导推动的，制定出符合我国国情的地震保险长远发展规划纲要，明确开展地震保险的组织原则、运行模式、业务范围和参与主体等，发挥中央、地方、商业保险公司、个人等各方积极性，建立多形式经营、多渠道支持的地震保险体系。

（3）合理分散巨灾保险中的风险。风险控制是地震保险经营管理的核心问题，也是各国地震保险制度的核心内容之一。在我国地震保险制度设计中，既要借鉴国际经验，又要考虑我国国情，积极探索多元化的风险损失分摊机制。一是设定一定比例的免赔率或免赔额，让房屋所有人承担一定的损失，以防止道德风险和激励投保人加强防震措施。二是构建三层级的损失分摊机制，即在一定额度内的损失，由地震保险共保机构和再保险人承担赔付责任。

（4）以地震保险制度推动城市防灾新技术发展与城市防灾减灾建设的进程。灾害发生后，采用防灾新技术与实行社区防灾规划区域内房屋的损坏程度和居民伤亡率将大大减少，有利于提高城市整体抗震防灾能力。地震保险实行差额收费制度，对不同地域、烈度区域、房屋建造情况、所在社区防灾规划情况综合评定后，确定保险费率的收费标准。对于使用防灾新技术与社区防灾规划的房屋可以给予特定的保险费率折扣，降低地震易损性弱的房屋应缴纳的保险费。政府可以以此为契机，推动城市防灾新技术发展与城市防灾减灾建设事业的进程。

8.4.2 房屋地震保险制度的内容与框架中所涉及的问题

根据我国地震灾害的风险和保险的现状，开展不同行业、不同阶层人群的调查问卷并借鉴国内外经验，对我国房屋建筑中地震保险制度的设计方案进行分析，房屋地震保险制度涉及的主要问题包括以下4个方面。

（1）保险标的。地震保险标的主要为房屋建筑，包括装修费用，其中装修费用均纳入房屋建筑部分，但家庭财产中包括家具、衣物以及其他生活必需品等不在保险标的范围内。

（2）保险区域费率的划定方法。我国领土广阔，地形、地质情况复杂，历史上发生过数量众多、程度不一的地震，在版图上将抗震分区划分为不同的抗震设防烈度，对于抗震设防较高的地区，地震发生的概率、发生破坏性地震的程度都较高，在地震保险制度的实施过程中宜实行费率区域划分。因此，基于风险分析，应提高设防烈度高的地区、省份的保险费率，适当降低抗震设防烈度低的地区、省份的保险费率。同时，为了便于保险业务的区域管理，应以省（自治区、直辖市）的基本划分思路对于区域地震保险进行管理。

（3）房屋地震保险折扣率的确定。地震保险实施的是差别费率制，由基本费率、折扣率两部分组成。地震保险费率是由损害保险费率算定机构在充分考虑所在地区以及周围环境因素、房屋自身的抗震能力、区域抗震防灾水平的基础上，依照相关法律基数计算出来。

因此，结合我国的国情，要考虑地震风险区划和经济水平双重影响因素，又能保证费率实施的可行性和科学性。针对不同的建筑结构类型，可根据不同建筑结构的种类、建造水平，判断房屋易损性程度，以确定房屋缴纳保险金的折扣费率，此种方式更为科学合理，还能促进建筑物设防能力的提高。

通过对国外地震保险折扣率的对比分析可知，可将地震保险的费率折扣率的确定分为3种情况：①建筑易损性折扣；②采用抗震新技术、社区防灾规划折扣；③建筑老旧程度折扣。当住宅建筑符合相关折扣标准时即可享受相应的地震保险费率。因为不同的建筑物年限和建筑物抗震能力存在差异，因此其在地震中受到损失的程度是不同的。费率折扣更能体现公平原则，也是鼓励居民积极应用有效的抗震措施，推动规划、勘察、设计、施工等各阶段质量的水平提高。

建筑易损性是指建筑物在地震等灾害中损坏程度的预期，建筑易损性弱的房屋往往具有较好的抗震性能，在破坏性地震中不易损坏。结构布局合理、工程质量良好的新建建筑易损性往往较弱。异形结构、刚度分布不均匀、工程质量差的老旧建筑一般易损性较强。对于易损性较弱的房屋应给予相应的折扣费率，降低保险费的数额。

对使用防灾减灾新技术的房屋及地区应在地震保险费上进行一定的减免，旨在鼓励更多的防灾减灾新技术应用于房屋建造和社区防灾规划的构建方面。防灾减灾技术可以分为技术性防灾、工程性防灾、建筑防灾设计优化等方面。其中，技术性防灾是指对于采用先进抗震减震技术的房屋进行保险费用的折扣，以鼓励建筑应用有效抗震技术，提高我国城乡房屋的整体抗震性能。工程性防灾是指区域防灾规划等防灾新理念，应用区域防灾规划可以提高区域整体防灾能力，对于减少生命财产损失具有积极意义。

（4）房屋建筑损失认定和赔付标准。对于地震保险的赔付，应按照震损评估→震损等级判定→差额赔付→房屋修缮的步骤进行。我国地震保险的赔付机制可以参照其他国家的模式，根据我国自身情况，按照一定的震损评估标准，对于不同的地震损伤程度的房屋划定破坏等级，对于不同破坏等级的房屋给予不同的赔付比率。

8.5　建筑地震易损性评价方法

地震易损性评价（Structure Vulnerability）是建筑对地震作用的抵抗能力和震后损坏程度的预期，具体做法是按照既有的评价体系，对参保建筑当前的情况进行全面客观的评价，从而得出相应分值，再对照参考标准划定易损性情况。地震易损性评价对计算参保建筑保险费率及震损补偿有十分重要的意义。按照构成建筑物结构的主要材料将全部拟评建筑分为钢结构建筑、钢筋混凝土结构建筑和砌体结构建筑三大类型，以砌体结构形式建筑的易损性评价方法为例，砌体结构建筑地震易损性评价情况见表 8.2。

表 8.2　　　　　　　　　　　砌体结构建筑地震易损性评价得分表

诊　断　项　目		评　分　标　准			评价得分
A　场地条件	有利场地	1.0			
	不利场地	0.9			
	危险场地	0.8			
B　基础情况		整体情况良好	情况较差	情况非常差	
	无筋基础	1.0	0.8	0.7	
	混凝土加筋基础	1.5	0.9	0.7	
C　砌体建筑形体规则程度	建筑物形体规整	1.0			
	建筑物存在平面不规则情况	0.9			
	建筑物存在竖向不规则情况	0.8			
D　砌体建筑是否加筋砌筑	配筋砌体结构	1.2			
	无筋砌体结构	0.9			

续表

诊断项目		评分标准	评价得分
E 砌体结构房屋墙、柱等构件变形、开裂情况	形状规整无开裂、变形现象	1.0	
	墙体、构造柱连接部位等出现轻微开裂现象	0.9～0.8	
	墙体、独立柱等出现一般开裂、变形情况现象	0.8～0.7	
	砌体结构房屋变形、开裂情况严重	≤0.6	
F 砌体结构建筑物老旧程度	建造年代较新、维护较好的建筑	1.0	
	建造年代久远，主要承重构件保存完好，局部存在轻微开裂现象	0.9～0.8	
	年久失修，墙面开裂严重，墙面剥蚀、风化情况严重，黏结砂浆粉化、脱落情况严重	≤0.7	
结合评分	A □ × B □ × C □ × D □ × E □ × F □ =		

(1) 评价要点 A。评价要点 A 部分主要考察了砌体结构建筑场地情况。建筑的场地环境主要指建筑自身及周边所处岩土环境的基本情况，对于建筑的震损安全评价具有重要意义。砌体结构建筑场地情况评价与混凝土结构及钢结构相同。

(2) 评价要点 B。评价要点 B 部分主要考察了砌体结构建筑物地基的构造形式及完好程度。与木结构房屋类似，一般可将砌体结构基础类型主要分为无筋基础、混凝土加筋基础等两大类。无筋基础包括条形基础、卵石基础、毛石基础、混凝土砌块基础等，混凝土加筋基础一般采用筏板基础。一般意义上认为混凝土加筋基础的抗损能力较素混凝土好，混凝土基础出现开裂等情况后，其抗震性能会大大降低，而毛石、料石、砌块基础整体性较差，在动荷载作用下极易出现开裂、分体等现象。基础的完好程度主要指构成基础的材料的完好程度，对于混凝土基础，主要指混凝土表观的完整性，是否存在局部缺损、风化、剥蚀、露筋等现象，混凝土基础若产生较大开裂则认为其整体性能发生较大损坏，抗震性能将大打折扣。对于其他基础（卵石基础、毛石基础、混凝土砌块基础等），基础的完好程度主要指骨料的完整程度及黏结面的完整程度，重点应关注基础局部的骨料是否发生缺损、脱落，黏结面是否牢固，有无开裂松动的迹象。

(3) 评价要点 C。评价要点 C 部分主要考察了建筑形体对整体抗震性能的影响。我国《建筑抗震设计规范》（GB 50011—2010）定义了建筑物平面不规则和建筑物竖向不规则的情况。建筑形体规则，可确保房屋刚度中心和形心位置一致，在地震荷载作用下不出现较大偏心荷载，无较大刚度转换情况，使地震作用下房屋水平剪力分布规则，不出现应力集中等不良现象。楼板局部不连续考察了楼板开洞情况，在楼板开洞较大的情况下，整体性削弱，楼板刚度减小，造成较大的竖向刚度转换。

（4）评价要点 D。评价要点 D 部分主要考察了砌体结构建筑物砌筑加筋情况。一般认为加筋的砌体结构整体抗剪能力比不加筋的砌体结构抗剪能力增加 20% 以上，因此，加筋砌筑的砌体结构整体的抗震性能优于不加筋砌筑的砌体结构。

（5）评价要点 E。评价要点 E 主要考察了砌体结构开裂及变形情况。砌体变形裂缝是指地基不均匀沉降、收缩变形的现象导致砌体结构形成的裂缝。砌体结构开裂情况较为普遍，轻微的开裂不会影响平时使用，但在地震来临时容易开展扩大，甚至形成贯通的裂缝，严重的开裂则会影响建筑整体的工作性能，构成严重隐患，因此应该及时补救并加强容易开裂的部位。应该根据砌体结构房屋变形、开裂等级给予响应的评定。开裂情况分级标准可由表 8.3 确定。

表 8.3 开裂情况分级标准

结构构件	变形裂缝开裂等级			
	良好	开裂情况轻微	开裂情况一般	开裂情况严重
墙	无裂缝	墙体产生轻微裂缝，宽度小于 1cm	墙体开裂较严重，裂缝宽度 1~1.5cm	墙体开裂严重，裂缝宽度大于 1.5cm
柱	无裂缝	无裂缝	裂缝宽度小于 1.5cm，且未贯通柱截面	柱断裂或产生水平错位

单层房屋墙、柱变形或倾斜评定方法可按照表 8.4 确定，多层房屋墙、柱变形或倾斜评定方法可按照表 8.5 确定。

表 8.4 单层房屋墙、柱变形或倾斜评定方法 单位：mm

构件	变形或倾斜（墙柱高 $H \leqslant 10m$）			
	良好	变形情况轻微	变形情况一般	变形情况严重
房屋墙柱	开裂小于 10	开裂小于 15	开裂小于 20	开裂大于 20

表 8.5 多层房屋墙、柱变形或倾斜评定方法 单位：mm

构件	层间变形或倾斜				总变形或倾斜			
	良好	变形情况轻微	变形情况一般	变形情况严重	良好	变形情况轻微	变形情况一般	变形情况严重
墙、带壁柱墙高	$\leqslant 5$	$\leqslant 20$	$\leqslant 40$	> 40	$\leqslant 10$	$\leqslant 30$	$\leqslant 65$	> 65
独立柱	$\leqslant 5$	$\leqslant 15$	$\leqslant 30$	> 30	$\leqslant 10$	$\leqslant 20$	$\leqslant 45$	> 45

（6）评价要点 F。评价要点 F 部分主要考察了建筑整体的老旧程度。建筑物建造年代较新，维护较好的建筑抗震性能有一定的保障，相对而言，建造年代久远，损坏较为严重的建筑则安全隐患

较大。建造年代较新，维护较好的建筑，主要承重构件保存完好，无不良病害现象，可认为建筑物老旧程度较低，抗震性能有所保证。建筑物年久失修，墙面开裂严重，墙面剥蚀、风化情况严重，黏结砂浆粉化、脱落情况严重可认为建筑物老旧程度较高，在地震发生时极易造成脆性破坏，引起构件破断甚至倒塌。

得出综合评价分值之后，按照表 8.6 得出参保建筑易损性情况，并确定参保建筑易损折扣系数。

表 8.6　　　　　　　　　　　　**砌体结构建筑易损折扣判定表**

综合评分	建筑易损性等级判定	说　明
1.0～1.5	易损性较弱	建筑抗震性能较好
0.7～1.0	易损性较强	建筑震中易损坏，抗震性能较差，建议在专家的指导下对建筑物进行局部补强
0.7 以下	易损性很强	建筑抗震性能存在较大隐患，震中易受到较大损害甚至倒塌，要求在专家指导下进行抗震维修以减少损失

本 章 参 考 文 献

［1］ 陈英方，陈长林. 地震保险［M］. 北京：地震出版社，1996.
［2］ 袁宗蔚. 保险学——危险与保险［M］. 北京：首都经济贸易出版社，2000.
［3］ 张洪涛，郑功成. 保险学［M］. 北京：中国人民大学出版社，2002.
［4］ 魏华林，林宝清. 保险学［M］. 2版. 北京：高等教育出版社，2006.
［5］ 马玉宏，赵桂峰. 地震灾害风险分析及管理［M］. 北京：科学出版社，2008.
［6］ 谷明淑. 自然灾害保险制度比较研究［M］. 北京：中国商业出版社，2012.
［7］ 袁力，王和. 地震保险制度研究［M］. 北京：中国经济出版社，2013.

第 9 章　现代城市防灾减灾新技术

9.1　工程结构控制技术与工程应用

9.1.1　概念

首先，结构控制的概念是 J. P. Yao（1972）系统地提出来的。他应用经典的或现代的控制理论，在结构上安装一些控制系统。在受到地震或风荷载激励时，这些控制系统产生控制力，显著降低结构的动力反应。控制系统的基本元素为传感器、处理器和驱动器。传感器感受外部激励及结构反应的变化信息，处理器接受这些信息并依据一定的控制算法计算所需控制力，驱动器产生所需控制力并作用到结构上，从而实现对结构的控制。结构控制整个系统的动力分析需要控制机构和电器设备的可靠性。结构控制基本模型图如图 9.1 所示。

依据是否需要外界能源，结构控制可以分为以下 4 类（图 9.2）：①被动控制系统，无需外部能源驱动，单纯地依靠控制装置与结构相互作用提供控制力；②主动控制系统，需要大功率的外部能源来驱动驱动器，控制力由测到的激励和/或结构响应的反馈决定；③半主动控制系统，以被动控制

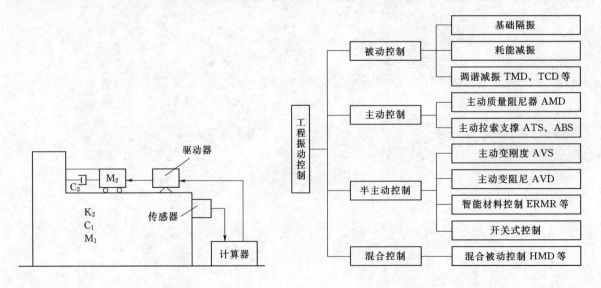

图 9.1　结构控制基本模型图　　　　　图 9.2　工程振动控制的分类

为主，只在结构反应达到界限值时，施加少量能量，使控制系统切换工作状态，其硬件简单，无需在线计算、稳定性和可靠性好；④混合控制系统，在结构上同时施加主动和被动控制，作为整体分析其响应，以克服纯被动控制的应用局限，减小控制力同时减小外部控制。

9.1.2　结构控制理论

作为控制算法的基础，控制理论内容十分广泛和丰富。早期控制算法的理论研究大部分在连续时间域内，主要用模拟控制技术。近年来，数字计算机的发展促进了离散时间、数字控制的发展。总体而言，控制理论的基本控制策略主要有如下 3 种（表 9.1）。

表 9.1　　　　　　　　　　　　　　　　　　结 构 控 制 理 论

理　论	理 论 要 点	优　　点
最优化理论	根据所受的荷载及结构反应值，应用控制理论中的极大值原理、随机分析原理、动态规划以及最优滤波等，对控制机构的参数及在结构上的位置进行优化，求解最优控制力，以使结构的震动达到最理想的控制效果	能与多种控制理论联合应用派生出各种结构控制算法
滑动模态理论	首先设计使结构系统响应有特定性能的开关面，然后提出控制策略，使结构系统的响应定位在开关面，并尽可能停留在该处	设计的结构系统具有鲁棒性
人工神经网络	神经元模拟人脑功能，综合由连接权获得的信息并依据某种激励函数进行处理，根据一定的学习规则，实现网络的学习和关系映射，连接权连接神经元并储存网络获得的知识	具有高度自适应学习能力、鲁棒性、容错性、柔性结构的自组织离散分布处理能力

9.1.3　结构控制研究与应用现状

结构控制理论自 1972 年提出以来受到广泛重视。经过近 40 多年的研究，已经在结构控制理论方面取得了很大进展，在实验室内进行了各种各样的结构控制装置的试验，近年来已在很多工程中使用，取得了很好的效果。我国现行的《建筑抗震设计规范》（GB 50011—2010）中也增加了隔震和耗能减震的内容。

被动控制的设计思想就是采用直接减少（消振）、隔离（基础隔震）、转移（吸振减震）、消耗（耗能减震）能量等达到减小结构振动的目的。由于易于工程实现，受到工程界普遍重视，因而起步早，应用最多。但其中的消振思想即减弱结构所受的动力荷载，在土木工程控制中很少应用。这里只对吸振减震进行介绍，隔震和耗能减震将在第 9.2 节中详细叙述。

吸振减震是在主体结构上附加子系统（吸振器），以减小主结构的振动（图 9.3）。吸振器是包括质量、弹簧的小振动系统，常与黏滞阻尼器联合使用。质量相对运动的惯性力作为控制力，通过弹簧作用到结构。质量为液体的，有调谐液体阻尼器（TLD）、质量泵、液压阻尼系统（HDS）、油阻尼器等。质量泵利用液体振荡改变结构质量分布，研究表明用它来控制结构鞭梢效应效果良好。调谐液体阻尼器通过浅水层等波浪效应控制结构多维方向振动，应用实例有：我国南京电视塔、日本横滨港塔和川崎空港塔、日本法华俱乐部。有关研究表明 TLD 能有 30% 的减震效果（图 9.4）。

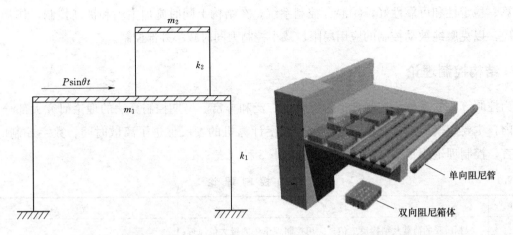

图 9.3　吸振器原理　　　　　图 9.4　分散式 TLD 概念示意图

　　质量为固体的，有被动调谐质量阻尼器（P‑TMD）、摆式质量阻尼器、多结构联系体系、悬挂结构等。其中 P‑TMD 应用最广泛，如波士顿 Hancock 大楼（顶部两个 300t 的 TMD）（图 9.5）、加拿大多伦多 National 大厦（两个 20t 的 TMD）、澳大利亚悉尼 Tower（水箱为 TMD）、泰国湄南河桥塔以及我国九江铁路公路两用长江大桥（图 9.6）等。

图 9.5　Hancock 大楼　　　　　图 9.6　九江长江大桥

　　调谐质量阻尼器 TMD 是目前高层建筑与高耸结构振动控制中应用最早的结构被动控制装置之一，用来减小建筑在风及地震作用下的振动和使用荷载所引起的振动（图 9.7）。该系统是一个由弹簧、阻尼器和质量块组成的振动系统，一般支撑或悬挂在结构上。TMD 系统对结构进行振动控制的机理是：当结构在外激励作用下产生振动时，带动 TMD 系统一起振动，TMD 系统相对运动产生的惯性力反作用到结构上，调谐这个惯性力，使其对结构的振动产生控制作用，从而达到减小结构振动反应的目的。经过学者们大量的研究结果表明，调谐 TMD 系统的自振频率与结构某一振型自振频率达到最优调频比，TMD 系统对此振型的振动反应控制效果最佳。

TMD 的质量块可以使用已有的水箱、钢筋混凝土块、装铅的钢箱、环绕在结构外部的装铅钢箱、环形水箱等，其质量一般取结构系统总质量的 $1/200 \sim 1/20$，一般质量块质量越大，减震效果越好。弹簧系统可以用普通的螺旋弹簧或者用气动弹簧，弹簧一般要沿纵横两个方向安装或者四周都安装。阻尼系统一般用油压阻尼

图 9.7 TMD 示意图

器，它通过调节活塞面积、油的黏滞度来控制阻尼。TMD 的减震效果一般只能使结构振动响应下降 $20\% \sim 25\%$，对设计参数进行优化后能下降 $1/3 \sim 1/2$。TMD 的适用范围广，对于高层或其他低频长周期的也都能适用，可以单独使用，也可以与基础隔震等措施联合使用。TMD 可以用来减小房屋在地震作用下的竖向震动，而隔震体系则不能隔离竖向振动。

TMD 系统的优点是：对结构功能的影响较小；安装简单方便；维修、更换容易。与传统的抗震设计相比，采用 TMD 系统作为结构震动的控制装置，可以减少工程建设的造价。

图 9.8 多调谐质量阻尼器（MTMD）

TMD 系统对结构地震反应控制的关键是将 TMD 系统的自振频率调谐到被控制结构的自振频率上。随着时间的推移，结构的一些性能会发生变化，从而降低了 TMD 系统对结构的控制作用。为解决这个问题，学者们提出了多调谐质量阻尼器的概念（Multiple Tuned Mass Damper，MTMD），如图 9.8 所示。MTMD 系统是由多个 TMD 组成的，其控制作用有两方面：一是利用 MTMD 系统控制单自由度结构体系，将每个 TMD 的自振频率分布在一定范围内。研究表明，MTMD 系统对结构振动反应的控制效果比质量相等的 TMD 的控制效果好。二是利用 MTMD 系统控制多个自由度结构体系，将每个 TMD 的自振频率调谐到需要控制的结构相应振型的自振频率上。

近年来应用的半主动控制方法有变刚度和变阻尼两种。研究中，以数值分析研究较多；试验方面，则研究了半主动滑动摩擦支座、半主动刚度控制设备、半主动电流变阻尼器以及半主动磁流变阻尼器等半主动控制系统，其中尤其以磁流变阻尼器的发展更加引人注目。

主动控制装置中以主动调谐质量阻尼器 A - TMD 系统最为常见。为改善高层建筑和桥塔的抗风和抗地震激励能力，各种类型的 A - TMD 系统已经用于工程实际。世界首例 A - TMD 应用于日本京桥成和大厦（1990 年 8 月，地上 11 层地下 1 层），顶部两台 TMD 分别控制水平和扭转振动，风

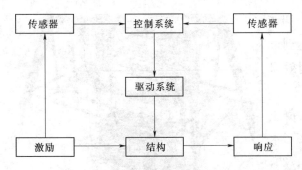

图 9.9 主动控制系统结构示意图

速为 20m/s 时，顶层位移减少 50%～60%。同时，人们也研究了 A‐TMD 的相关理论和设计方法等。此外，还有主动锚索控制系统、主动支撑系统、空气动力减振器等，其结构示意图如图 9.9 所示。

另外，目前应用的还包括将不同控制技术相结合的混合控制，所用的控制装置主要有三大类：主动控制与基础隔震相结合（图 9.10），A‐TMD 和 TMD 相结合，主动控制（包括人工神经网络控制）与耗能装置相结合。

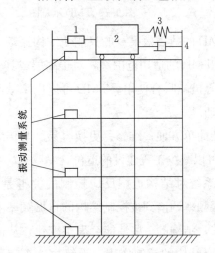

图 9.10 主动控制 A‐TMD

9.1.4 结构控制的工程应用举例

1. 结构控制技术在建筑工程中的应用

芝加哥凯悦酒店紧临密歇根大道（图 9.11），靠近密歇根湖湖畔，是著名的 Magnificent Mile 区内的一家豪华酒店。大楼共 67 层，为混凝土结构。该大楼结构相对较柔，对风荷载作用反应敏感，为了减少大楼侧向加速度与满足大楼振动及舒适度要求，设计及装设调质阻尼器（TMD）系统于大楼顶部（图 9.12），该系统是在主体结构上附设一个小型的振动系统，有自己的质量、自身的支承体系，即自复位弹簧与阻尼器，自振频率设计成与主体结构的主要自振频率接近，附加体系的振动反应会非常强烈，对主体结构产生一个抵消外力作用的反向力，起到减轻主体结构振动的作用。这时候，TMD 就相当于一个

图 9.11 芝加哥凯悦酒店

"吸振器"，将主体结构的振动吸收到附加结构上，以附加结构的较大幅度的振动为代价，来消减结构的振动反应。在 TMD 的设计上一般要求"吸振器"具有很强的变形能力且不发生破坏。这个简单的被动系统与其他主动 TMD 系统相比较可靠，需要维护最少且较经济。

图 9.12　凯悦酒店顶部的 TMD 系统

南京电视塔是一座以广播电视发射为主，兼有观光、娱乐等多功能的高耸结构。塔总高 310.1m，塔身的主体是由 3 条互成 120°夹角、下大上小的预应力混凝土柱肢构成，柱肢为薄壁箱形截面，中间每隔 25m 左右用预应力连梁把它们相关联。位于高度 169.78～202.29m 处的大塔楼支撑在这 3 条柱肢上，在大塔楼上设有旋转餐厅等设施；小塔楼位于高度 235.18～246.61m 处，设有贵宾厅。小塔楼上部设有通风机房，在往上则分别为钢筋混凝土土筒、平台及钢桅杆。

为了保证电视塔在 8 级风中正常运作，并对游客开放，就必须设法降低小塔楼处的加速度响应。为此在不改变原设计方案的前提下，利用结构剩余空间，设计了一套 TLD 装置来控制结构第一振型的风振响应（图 9.13）。

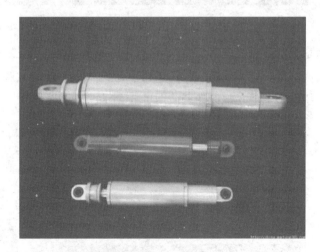

图 9.13　南京电视塔及所使用的阻尼器

广州塔是中国第一高电视塔，世界第二高电视塔，仅次于东京天空树电视塔。塔身 168.0～334.4m 处设有"蜘蛛侠栈道"。塔身 422.8m 处设有旋转餐厅，是世界最高的旋转餐厅。塔身顶部

450～454m 处设有摩天轮，是世界最高摩天轮。

上海环球金融中心，是陆家嘴金融贸易区内一栋摩天大楼，就现在而言为中国第三高楼、世界第五高楼。大楼楼高 492m，地上 101 层。大厦由商场、办公楼及上海柏悦酒店构成，94～100 层为观光、观景设施。

上海中心大厦项目面积 433954m²，建筑主体为 118 层，总高为 632m，结构高度为 580m。深圳平安金融中心项目建筑主体高度 660m，塔楼层数 118 层，地下层数 5 层。

这些建筑都应用了结构控制技术，以减小高层结构的风振响应。

2. 结构控制技术在桥梁结构中的应用

2005 年震惊世界的美国卡特里娜飓风几乎完全摧毁了美国 50 万人口的新奥尔良市和莫比尔湾区，同样给该地区的桥梁、建筑和海洋平台带来了巨大的破坏。大风吹来的海洋平台给该地区的 Cochrane 大桥桥面以巨大的撞击（图 9.14），大桥支座遭到一定程度的破坏。大风过后，美国阿拉巴马能源部对大桥进行了鉴定观测，发现设置了 68 个抗风悬索阻尼器的斜拉索在大风中没有任何破坏。

图 9.14　卡特里娜飓风下的 Cochrane 大桥

南京长江三桥是南京市 2003 年开工的十大重大工程之一，是上海至成都国道（GZ55）主干线的重要组成部分，位于现南京长江大桥上游约 19km 处的大胜关，东距长江入海口约 350km。我国首次在该桥引桥上成功地设计和使用了 54 个抗震阻尼器（图 9.15），并在主桥安置了 4 个锁定装置。

图 9.15　南京长江三桥及其使用的抗震阻尼器

苏通大桥位于江苏省东南部，连接南通和苏州两市，全长 34.2km。苏通大桥北岸连盐通高速公路、宁通高速公路、通启高速公路，南岸连苏嘉杭高速公路、沿江高速公路。考虑到苏通大桥桥位风速大、风况复杂、抗震要求高，为了防止预想不到的静力荷载、特大风和地震可能给桥梁带来的超量位移，需要加设限位装置。为了减少需要维护管理的装置，设计了一种新型的带限位的阻尼器。在常规阻尼器的基础上、在阻尼器运动的双方向上加设限位装置（图 9.16）。

图 9.16　苏通大桥及其使用的限位阻尼器

9.2　工程结构隔震与消能减震技术

9.2.1　隔震的概念

传统建筑物基础固结于地面，地震时建筑物受到的地震作用由底向上逐渐放大，从而引起结构构件的破坏，建筑物内的人员也会感到强烈的震动。建筑抗震设防目标在现行建筑抗震设计规范中具体化为"小震不坏，中震可修，大震不倒"。这种设计思想抵御地震作用立足于"抗"，即是依靠建筑物本身的结构构件的强度和塑性变形能力，来抵抗地震作用和吸收地震能量。为了保证建筑物的安全，必然加大结构构件的设计强度，耗用材料多，而地震力是一种惯性力，建筑物的构件断面大、所用材料多、质量高，同时受到地震作用也增大。

基础隔震技术的设防策略立足于"隔"，采用"拒敌于门外"的防御战术，"以柔克刚"，利用专门的隔震组件，以集中发生在隔震层的较大相对位移为代价，阻隔地震能量向上部结构的传递，从而降低上部结构的地震作用，使建筑物有更高的可靠性和安全性（图 9.17）。可以说，从"抗"到"隔"，是建筑抗震设防思路的一次的重大改变和飞跃。

采用隔震技术，上部结构的地震影响一般可减小 40%～80%，地震时建筑物上部结构的反应以第一振型为主，类似于刚体平动，基本无反应放大作用，通过隔震层的相对大位移来降低上部结构所受的地震荷载（图 9.18）。按照较高标准设计和采用基础隔震措施后，地震时上部结构的地震反应很小，结构构件和内部设备都不会发生破坏或丧失正常的使用功能，在房屋内部工作和生活的人员不仅不会遭受伤害，也不会感受到强烈的摇晃。强震发生后人员无需疏散，房屋无需修理或仅需一

179

（a）未设置隔震系统结构体变形大，
内部设施会受影响

（b）设置隔震系统，利用隔震
装置减少地震力

图 9.17　隔震系统与未设置隔震系统之比较

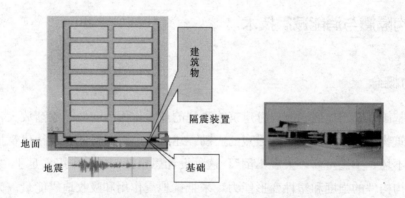

图 9.18　隔震房屋图示

般修理，从而保证建筑物的安全甚至避免非结构构件如设备、装修破坏等次生灾害的发生。

基础隔震技术适用于地震区的各类中、低层一般工业与民用建筑（包括砌体结构、底层框架、内框架、框架等各种结构），城市生命线工程及重要建筑（如医院、消防、电力、通信、指挥中心等），同时也适用于各类桥梁、设备、环境隔震等。该技术能减轻地震灾害，确保震后救灾工作的顺利进行，其推广和应用具有巨大的社会和经济效益。

9.2.2　隔震系统分类

1. 叠层橡胶支座隔震系统

该隔震体系主要采用橡胶隔震支座作为隔震装置，单独或与阻尼器共同作用，吸收并消耗地震能量（图 9.19）。目前，该隔震体系应用最多，据统计，90％以上的隔震房屋采用此支座。

橡胶隔震支座主要有普通橡胶支座、铅芯橡胶支座和高阻尼橡胶支座。普通橡胶支座阻尼较小，在水平地震力较大时变形大，故一般与阻尼器、铅芯橡胶支座或高阻尼橡胶支座配合使用。铅芯橡胶支座和高阻尼橡胶支座可以单独使用。典型的橡胶隔震支座如图 9.20 所示。

图 9.19 隔震层的组成

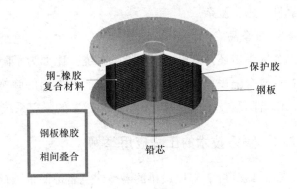

图 9.20 橡胶隔震支座组成

橡胶支座隔震系统的特点是上部结构具有可变的自振周期，在大震时结构自振周期可以远离场地卓越周期，使结构的基频处于地震高能量频段之外，从而有效地降低建筑物的地震反应，隔震结构的第一振型表现为隔震层发生变形而上部结构做刚体平动。

橡胶支座隔震系统装置简单、施工方便，被认为是隔震技术迈向实用化最卓有成效的体系。但是，橡胶支座隔震系统的隔震效果与周期相关，特别是对长周期结构和建在软土地基上的结构隔震效果不明显。由于阻尼依赖于应变频率和幅值，高阻尼橡胶支座对高频波的隔震效果较好，但在罕遇地震作用下，水平位移较大。铅芯橡胶支座在罕遇地震作用下水平位移较小，但是对于高频波的隔震效果相对较差，且上部结构高振型影响较大。

2. 摩擦滑移支座隔震系统

水平摩擦滑动隔震系统常配合限位装置一同使用。滑移材料有砂垫层、石磨砂浆、聚四氟乙烯滑板、滑石粉、不锈钢板等。摩擦滑移装置具有较大的初始刚度，在滑移时刚度的增量为零。在结构受到较小的水平地震激励时，摩擦滑移装置能够提供足够的摩擦力阻止上部结构滑动，建筑物与地面一同运动；当地面水平地震力较大，超过了摩擦滑移装置能够提供的最大摩擦力时，滑移面开始滑移，摩擦滑移装置开始发挥隔震作用，此时传入上部结构的地震力控制在一定的范围内，不会随着地面激励的增加而增大，从而保证上部结构的安全。因此，通过选用适宜的摩擦材料就可以控制传入上部结构的地震作用，再匹配合适的限位复位装置，就可以将结构的位移限值在一定范围内。其工作原理如图 9.21 所示。

滑移隔震系统受到关注是因为这种隔震系统造价较低，并且由于滑动现象没有固定周期，所以不与特定周期地震波存在特别强的响应，可以在宽频域内获得隔震

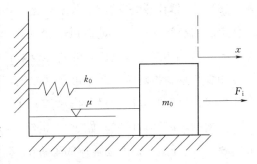

图 9.21 摩擦滑移支座隔震系统原理图

效果。但是，滑移隔震系统有如下缺点：①滑动摩擦力较大，一般只适宜用于刚度较大的砖混结构或轻型结构的隔震，不宜用于框架结构；②同时由于竖向地震作用的影响，使支座法向应力变化，进而对水平摩擦力也有影响，使分析工作复杂化；③地震后不能完全复位；④摩擦材料的耐久性、可靠性，施工复杂。

　　3. 组合隔震系统

　　各国学者还开发出了许多隔震系统，比如为了降低隔震系统的造价和取得最优隔震效果而采用的各种复合隔震系统，考虑三维隔震而开发出的弹簧隔震系统，还有悬挂、悬浮、顶支撑隔震体系等。随着隔震技术的发展，相信越来越多的隔震系统会陆续出现。

9.2.3　隔震技术的工程应用举例

　　（1）1921 年，冠以最早的隔震建筑名称的帝国饭店在东京建成，该建筑用密集的短桩穿过表层硬土，插到软泥土层底部，利用软泥土层作为"防止灾难性冲击的隔震垫"。在 1923 年的关东大地震中该建筑保持完好，经受了地震的考验。

　　（2）1981 年，第一栋采用铅芯橡胶垫隔震的建筑新西兰惠灵顿市的 William Clayton 大楼建成。

　　（3）1985 年，美国建成的加州圣丁司法事务中心是美国的第一栋隔震建筑，也是世界上第一座采用高阻尼橡胶隔震支座的建筑。

　　（4）1994 年，美国北岭地震中经受了峰值加速度 0.5g 的强烈地震，震后照常履行医疗救护任务。当时在激震区内共有 8 座医院，其余 7 座均因地震破坏而关闭停诊，震后的修复费用高达数亿美元。

　　（5）1995 年，日本阪神地震中隔震建筑的反应良好。震区内有 2 座隔震建筑均未遭受破坏。

　　（6）隔震技术也应用在旧的具有历史意义的建筑物加固中，如美国 76m 高的盐湖城市政大楼、28 层的洛杉矶市政大楼、意大利的圣彼得教堂、新西兰的旧议会大厦等。

　　（7）在汶川"5·12"大地震的灾后恢复重建工作中，建筑结构隔震技术作为技术援建的重要内容之一得到推广应用。为了提高结构的地震安全性和经济性，以汶川第一幼儿园、汶川第二小学、映秀小学、汶川疾病预防控制中心、映秀安置房、七盘沟安置房为代表的一批学校、医疗机构和安置房等重要建筑物均采用了隔震设计。

　　（8）昆明新国际机场位于云南省昆明市东北部，是我国重要的航空枢纽。昆明新国际机场临近南北走向的小江地震带，地震风险很大，采用基础隔震技术甚有必要。隔震层设置在地下室以下，既不影响建筑功能又具有良好的隔震效果。

　　（9）北京新机场位于北京市南部永定河北岸，北京市大兴区礼贤镇、榆垡镇和河北省廊坊市广阳区之间，设计时采用了隔震技术。

　　我国的隔震结构研究开始于 20 世纪 60 年代，进行了理论和试验方面的探索，从 20 世纪 70 年代末到 80 年代开始摩擦滑动隔震的工程试点。进入 20 世纪 90 年代，在"八五"期间我国在房屋基础隔震减震技术的研究、开发和工程试点方面已取得长足的进步，应用重点也从摩擦滑移隔震机构转到叠层橡胶支座机构。与隔震技术应用的产品标准、设计规范都已颁布执行，国内已建成至少300万 m² 采用隔震技术的建筑。国内隔震技术的应用以新建工程为主，在上海和杭州等地也有少量加固工程应用。

下面以近年国内的工程实例来说明隔震技术的应用。

河北省地震工程研究中心是一典型的框架结构应用隔震技术的工程。该建筑为四层框架结构，包括地下室。在上部结构和地下室之间设置隔震层，如图 9.22 所示。

图 9.22 河北省地震工程研究中心全景

该建筑采用了隔震技术以后，地震作用大大降低，上部结构可达到"大震不坏"，可以保证当强震发生时继续发挥地震数据收集和处理等工作，为震后救灾发挥重大作用，其隔震技术细节如图 9.23～图 9.26 所示。

图 9.23 隔震建筑室内的水平隔震带

图 9.24 隔震支座节点

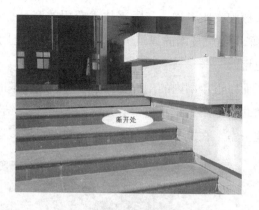

图 9.25　封闭后的隔震缝

图 9.26　室外台阶水平缝处理

　　隔震技术发挥作用的关键是隔震器，隔震器的安装对于其作用的发挥是极其重要的。因此在施工过程中，为确保隔震器的安装精度，施工单位预先确定合理的施工方案，并在安装施工时严格按照要求，确保施工质量。其中施工时，隔震器下的混凝土需振捣密实，使之不出现蜂窝麻面，并保证水平平整。隔震器的安装时，隔震器的平面位置应准确定位；并在安装隔震器之前把混凝土表面清扫干净；安装找平时保证隔震器在钢板内的设计嵌固深度；安装过程中设专人进行监督检测，安装完成后进行复检及验收。图 9.27 和图 9.28 为相关的施工图片。

图 9.27　隔震支座就位

图 9.28　上螺栓就位的隔震支座

　　北京某国际大厦连廊也应用了隔震技术（图 9.29）。该连廊为 3 层钢结构，用于连接大厦的主楼和副楼。主楼为现浇框架-剪力墙结构，地下 2 层，地上 22 层（部分 23 层），总高度（从室外地坪到筒顶的高度）为 95.5m；副楼为现浇框架-剪力墙结构，地下 2 层，地上 10 层，斜屋面，总高度为 36.9～45.0m；连廊两端支座分别位于主楼和副楼第 5 层顶板，连接主楼和副楼的第 7、8 和 9 层。连廊底层标高为 26.1m，三层的层高分别为：3.9m、3.9m 和 4.0m。原设计采用传统方式，连廊与主楼和副楼固结连接，连廊横断面近似为环形。

　　在地震作用下尤其是罕遇地震作用下，该连廊与主楼、副楼的相互作用很大，连廊的可靠性难以保证，同时对主楼、副楼也产生过大的反力。因此，经过讨论分析，采用隔震消能复合技术，用隔震器来隔离减小主楼、副楼和连廊的相互作用，同时设置阻尼器和钢拉索，以提供侧向支撑和附加阻尼力。在连廊箱梁支座处设置了橡胶隔震支座，同时在连廊每层楼层处设置了黏滞阻尼器。

该工程中隔震器采用建筑橡胶隔震支座，最大设计位移按规范要求取剪切变形 300% 和 0.55D 的较小值，经计算为 270mm。阻尼器最大允许轴力 500kN，最大允许位移 200mm。通过对整体模型在双向多遇、罕遇地震作用下连廊和主楼防震缝处的变形的计算［分析所选用的地震波为：El Centro（N-S）和 El Centro（E-W）波］，得到以下结论：

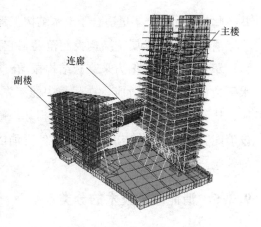

图 9.29　整体计算模型

（1）隔震支座在罕遇地震作用下的最大水平位移为 162mm，大大小于其最大设计位移 270mm，满足设计要求。

（2）阻尼器在多遇地震作用下的最大轴力为 499kN，最大轴向位移为 25.7mm，在罕遇地震作用下的最大轴向位移为 153.9mm，满足设计要求。

（3）连廊和主楼防震缝在多遇地震作用下的最大变形为 35.3mm，罕遇地震作用下最大变形为 204.3mm，设计预留缝宽为 200mm，基本满足设计要求。

从反应分析结果看，隔震器的最大变形不超过 17cm，本工程的隔震器选型合理，具有较大的安全储备。阻尼器的最大出力和行程也符合设计要求。本工程采用减震隔震复合技术是完全适宜的。该项目的隔震器安装于 2004 年 6 月完成。图 9.30 所示为隔震器施工安装现场。

图 9.30　隔震器施工安装现场

9.2.4　消能减震的概念

消能减震技术早在 20 世纪中叶就用于内燃机车和飞行器中。1972 年美国学者提出将该技术用于土木工程中的结构控制，这个原在军工业和航天业使用的控震技术开始被广泛拓展至土木工程界，并在此基础上发展了更适合于土木结构工程的相关地震和风振理论。

消能减震技术属于结构控制范畴，它是利用各种阻尼元件、吸能部件或摩擦支撑产生的阻尼力、塑性变形或摩擦力来衰减结构振动。它耗能能力强、低周疲劳性能好，通常用于减轻结构在水平地震作用下的效应，在强震中能率先消耗输入结构体系的地震能量，并迅速衰减结构的地震反应，从而保护主体结构和构件免受损坏，确保结构在强震中的安全。一般情况下是在结构的层间增设消能装置，利用结构的层间位移使得消能装置产生相对位移，让阻尼力做功来达到减轻地震作用的效应。

9.2.5 消能减震技术的分类

消能减震技术按消能减震装置分为位移相关型阻尼器和速度相关型阻尼器，如图9.31所示。其中位移相关型阻尼器又称滞变型阻尼器，滞回曲线主要由变形控制；速度相关型阻尼器又称黏滞型阻尼器，其特性主要取决于变形频率。

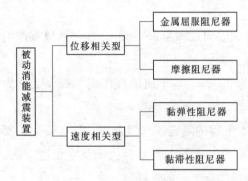

图9.31 消能减震装置的分类

金属屈服阻尼器是利用金属材料在循环荷载作用下的非弹性变形来消除能量。因为低碳软钢有相对较高的弹性刚度、很好的柔性和在屈服区域的消能潜力，再加上价格比较便宜，经常被用来作为金属阻尼器的材料。铅和形状记忆合金也被用来作为金属阻尼器的材料。20世纪70年代开始，人们先后研究开发了U型软钢阻尼器、三角形软钢阻尼器和X型软钢阻尼器，如图9.32～图9.34所示。国内也开发制作圆环耗能器，研究表明，圆环耗能支撑框架具有较好的耗能能力和减震效果。金属阻尼器具有滞回特性稳定，低疲劳性能好，对环境和温度的适应性强和长期性能稳定等优点，因此引起国内外学者的广泛关注，并已在一些建筑物上开始应用。

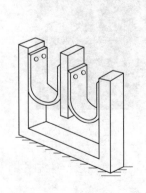  

图9.32 U型金属阻尼器　　图9.33 三角形金属阻尼器　　图9.34 X型金属阻尼器

所谓摩擦阻尼器就是通过固体表面的相对移动产生的摩擦来消耗能量的阻尼器。这种类型的阻尼器曾在其他工业领域内长期广泛应用，最典型的例子就是汽车的刹车装置。摩擦阻尼器的研究始于 20 世纪 70 年代末。已研制开发的摩擦阻尼器主要有：Pall 型摩擦阻尼器（图 9.35）、Sumitomo 型阻尼器、摩擦剪切铰阻尼器、滑移型长孔螺栓节点阻尼器、双向摩擦阻尼器等。这些摩擦阻尼器耗能明显，可提供较大的附加阻尼，荷载大小、频率和循环次数对其性能影响不大，且构造简单、取材容易、造价低廉。而缺点是在屈服滑动发生以前，阻尼器不能发挥作用；对于摩擦面的磨损、腐蚀以及灰尘的侵入要采取必要的措施；当振动频率达到一定值时，界面会产生早期烧坏，因此要兼顾界面的性能要求选择界面的种类。

黏弹性阻尼器通过固体黏弹性材料（通常为异分子聚合物和弹性体材料）的剪切变形来消耗能量。它由黏弹性材料和约束钢板组成（图 9.36）。当结构的动力响应引起内部钢板和外部钢板的相对位移时，黏弹性阻尼器开始消耗地震能量。黏弹性阻尼器具有以下优点：①黏弹性阻尼器的力-位移滞回曲线为椭圆形，具有很强的耗能能力；②黏弹性阻尼器灵敏度较高，结构稍一振动，它就能马上耗能；③黏弹性阻尼器制作及安装简单方便，经久耐用。但黏弹性阻尼器的耗能能力受到温度、频率和应变幅值的影响，耗能能力随着温度的升高而降低，随着频率的增加而增加，应变幅值越大，其耗能特性越不稳定。

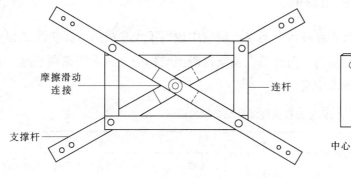

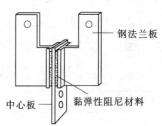

图 9.35　Pall 型摩擦阻尼器　　　　图 9.36　黏弹性阻尼器示意图

黏滞阻尼器一般由缸体、活塞和黏滞流体组成，活塞上开有小孔，并可以在充有硅油或其他黏滞流体的缸体内作往复运行。当活塞与缸体间产生相对运动时，流体从活塞的小孔内通过，对两者的相对运动产生阻尼，从而耗散能量。黏滞阻尼器目前有圆筒状筒式黏滞流体阻尼器，黏滞阻尼墙，Jarret 公司生产的人造橡胶弹簧阻尼器，Taylor 设备公司生产的黏滞流体阻尼器（图 9.37）。多数黏滞阻尼器只提供阻尼而不提供刚度，这是它的一个很显著的特点。

防屈曲耗能钢板墙是在纯钢板剪力墙基础上研发而成的一种新型抗侧力构件（图 9.38）。它以普通钢板作为核心抗侧力构件，通过螺栓或者栓钉等抗剪连接件与约束混凝土板连接。在弹性工作阶段，防屈曲钢板墙具有很大的抗侧刚度；在中震、大震情况下，防屈曲钢板墙具有非常优秀的耗能能力，既可用于钢结构，也可用于混凝土结构；既可用于新建项目，也可用于既有建筑的改造项目。

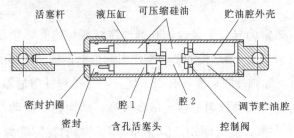

图 9.37　Taylor 设备公司生产的黏滞流体阻尼器　　　图 9.38　防屈曲耗能钢板墙

9.2.6　消能减震技术的工程应用举例

消能减震技术作为一种建筑抗震新技术，不仅在研究中取得了大量成果，在实际工程中（包括新建和加固改造）也得到了广泛的应用。国外已在钢筋混凝土结构中大量采用这项技术。表 9.2 列举了一些采用阻尼器的典型体育场馆建筑。

表 9.2　　　　　　　　　　　　　阻尼器在典型体育场馆中的应用

建筑的名称和种类	荷　载	备　　注
和平和友谊体育场	地震	抗震升级，翻新。马鞍形屋顶隔离，地震吸能（2004 Olympics 主赛馆）
芝加哥战士体育场	观众台振动	新建橄榄球看台，阻尼器配合 TMD 系统减少观众台振动
Hilmar 体育场馆	地震	新建学校复合体育场馆，人字支撑上安置阻尼器耗能
CMGL - Foxboro 体育馆	地震	新建开敞式美式足球场，控制地震引起的动力
Discovery Bay 体操馆	地震	新建学校综合建筑，人字支撑阻尼器耗能
Hollister 体操馆	地震	新建学校体操馆，人字支撑阻尼器耗能
Ballpark at Union Station 联合体育馆	风力	新建可开启式棒球体育馆，阻尼器用来提高屋顶结构抗巨风能力
New Pacific Northwest 棒球场	地震风力	新建棒球馆，移动式屋面上行架阻尼器用来减少地震和风力的破坏和变形
Rich 体育馆	风力	抗风阻尼器连接灯光柱到体育馆维护墙，避免基础板锚固失效

国内在这方面也有不少的实际应用，1998 年启动的首都圈防震减灾示范区中，北京的一些标志性建筑如北京火车西站（图 9.39）、北京饭店（图 9.40）、中国革命历史博物馆、北京展览馆（图 9.41）等，开始进行全面的抗震鉴定、加固和改造，中国建筑科学研究院工程抗震研究所采用黏滞阻尼器对这些大型公共建筑进行了加固改造。其中北京饭店西楼为钢筋混凝土框架结构，建于 20 世纪 50 年代，原结构未考虑抗震，并在 1967 年的唐山地震中有所损坏。结构在采用消能减振技术加固后，多遇地震下，各层层间位移角均控制在规范规定的限值 1/450 之内；结构柱的应力得到有效控制，绝大部分柱的配筋满足强度要求。在罕遇地震作用下薄弱层位移角控制在规范规定的限值 1/50 以内。另外有些工程加固后在罕遇地震作用下，层间位移值达 1/390，处于接近弹性阶段工作，收到非常好的加固效果。

图 9.39　北京西站（耗能支撑阻尼器）

图 9.40　北京饭店（黏滞阻尼器）

图 9.41　北京展览馆（黏滞阻尼器）

9.3　地理信息系统在抗震防灾中的应用

9.3.1　地理信息系统概述

地理信息系统（Geographic Information System，GIS）随着计算机的出现和发展，以计算机技术为核心的信息处理技术作为当代科技的主要标志之一，已经广泛渗入到生产和生活的方方面面，影响和决定着社会经济的发展，并成为衡量一个国家科技发展水平的重要标志之一。GIS 是在计算机硬件、软件系统支持下，采集、存储、管理、检索、分析和描述整个或部分地球表面与空间地理分布数据的空间信息系统。它是一种能把图形管理系统和数据管理系统有机地结合起来的信息技术，既管理对象的位置又管理对象的其他属性，而且位置和其他属性是自动关联的。它最基本的功能是将分散收集到的各种空间、非空间信息输入到计算机中，建立起有相互联系的数据库，用于分析和处理在一定地理区域内分布的各种地理现象和其演变过程，解决复杂的规划、决策和管理问题。并且当外界情况发生变化时，只要更改局部的数据就可维持数据库的有效性和现实性。GIS 是一种空间数据库管理系统，是一个动态系统，所以不能简单地把它同地图数据库混为一谈。目前，GIS 正被广泛地应用到多种工程相关的行业管理及灾害预测与辅助决策中。据资料统计显示，我国目前至少已有 30 多个城市建立了本地的城市基础地理信息系统。GIS 发展历程如图 9.42 所示。

目前世界上常用的 GIS 软件已达 400 多种。它们大小不一，风格各异，国外较著名的有 Arc/Info、GENAMAP、MGE 等；国内较著名的有 MAP/GIS、Geostar 和 CITYSTAR 等。目前国内在城市防震减灾中 Arc/info 和 Map/info 两种系统都在使用。有的单位在研发具有上网功能的系统。Arc/info 系统于 80 年代初出现，对数据的产生、接受加工处理的能力较强，有宏语言可以编程，或外接 C 或 Fortran 语言编译好的模块，可进

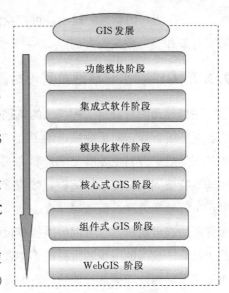

图 9.42 GIS 发展历程

行各种分析，但是价格昂贵。Map/info 系统以电子图为背景，对信息进行分析、统计，并最终以图形或其他方式显示。这个系统于 90 年代推出，功能强大、操作简便、汉化程度好、价格便宜。国内很多单位采用了该系统。近年，中国建筑科学研究院工程抗震研究所基于 SuperMap Object 组件平台，开发了城市地震灾害预测地理信息系统软件，软件集成了当前抗震减灾的最新研究成果，功能强大，通用性强，为城市的综合抗震防灾提供了强大的平台。图 9.43 所示为该软件的工作界面。

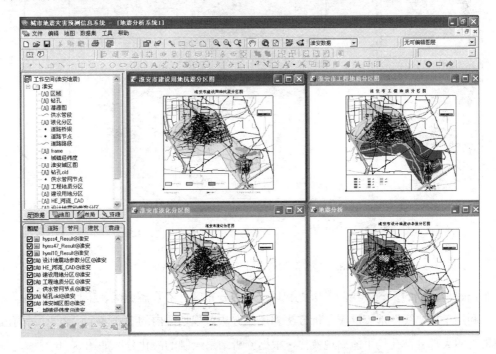

图 9.43 城市地震灾害预测信息系统工作界面

GIS 作为一门新兴的技术，可广泛应用于地震区划、地震易损性分析、地震危险性分析、抗震防灾对策和震后救灾等方面。

9.3.2　GIS 在工程场地抗震设防区划中的应用

正确地预测与设定工程场地的抗震设防参数，是进行工程结构抗震设计的基础。在我国的工程抗震规范中，规定对重要城市的工程结构，其抗震设计参数应取自城市抗震设防区划结果。抗震设防区划的成果资料主要有文字资料和图件，一般包括：抗震设防区划正文及正文说明、设计地震动和场地特征周期区划、场地破坏效应区划、土地利用区划等。另外还有一些基础资料和图件，一般包括工程地质分区、覆盖层厚度、地下水位、城市地形地貌等基础资料。GIS 具有图形管理和数据库管理的双重功能，它可以解决抗震设防区划的图形及与图形相关的数据资料的管理与工程应用问题。目前，我国的一些城市科技工作者正致力于基于 GIS 下的工程场地抗震设防区划的研究。城市地震灾害预测地理信息系统软件将淮安市规划区划分为若干地震动分区（图 9.44），各分区的设计地震动参数在系统中表现为地图窗口各分区色块的属性，双击分区图块，就会显示属性维护窗口（图 9.45），在这里可以对所选分区的设计地震动参数进行查询和修改。

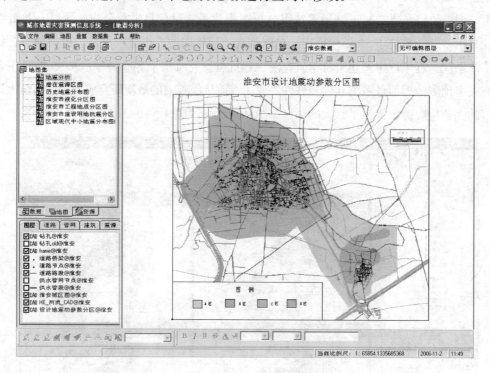

图 9.44　淮安市设计地震动参数分区图

该系统通过搜集到的资料，绘制了历史和现代地震分布区、潜在震源区、工程地质分区和液化分区等。其中，利用土层非线性地震反应分析方法和规范方法对规划区内的 300 多个代表土层钻孔进行动力分析，结果表明大部分钻孔均可能出现液化，根据分析结果绘制的液化分区如图 9.46 所示。

图 9.45　设计地震动参数的数据维护

图 9.46　淮安市液化分区图

9.3.3　GIS 在地震危害性分析和震害预测评估中的应用

地震危害性分析包括地震危险性分析和结构易损性分析，具有明显的地域特征，因而 GIS 在震害分析中得到了广泛的应用。而所谓地震危险性分析，实际上就是把地震的发生以及它对一个场地所产生的影响都看作是一种随机现象，采用概率方法对场地未来给定年限内遭受各种水平的地震作用的可能性大小进行估计。

有学者提出把地理信息系统 GIS、基于知识的专家系统 KBES 和数据库管理系统 DBMS 结合起来进行地震危害性分析。国内外已有许多学者和机构将 GIS 用于城市防灾减灾的研究，如用于房屋、生命线工程、桥梁等的易损性分析和震害预测，取得了理想的成果。在震害分析的基础上，可以进行地震损失评估工作。

1997 年，美国加州大学地震工程研究中心组织完成了"大地震对社会经济影响的评价方法研究"。在整个项目中，主要以 GIS、KBES 和 DBMS 等计算机技术为主，数据库的建设采用三维 GIS 软件 Techbase，其余的模型建设在 Arc/Info 平台上，并以美国加州 Pola - Alto 市为具体研究背景。研究结果表明这一系统可以有效地为震后应急决策和长期的减灾规划服务，如图 9.47 所示。

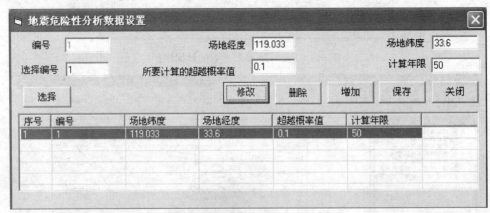

(a) 地震危险性分析数据设置

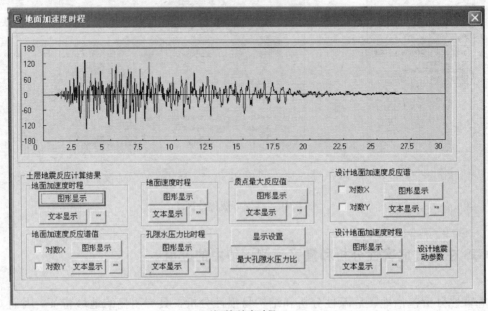

(b) 地面加速度时程

图 9.47　城市地震灾害预测地理信息系统在地震危险性分析中的应用

GIS 可以在城市抗震防灾规划领域的许多方面发挥其独特的技术优势，为决策者提供服务，如利用 GIS 通过对城市建筑工程档案管理，可以对震害进行预测评估。震害预测是对一个地区或城市在遭遇到可能发生的地震破坏情况下，对建筑物、工程设施的震害程度以及由此所造成的经济损失和人员伤亡的预测，如图 9.48 所示。

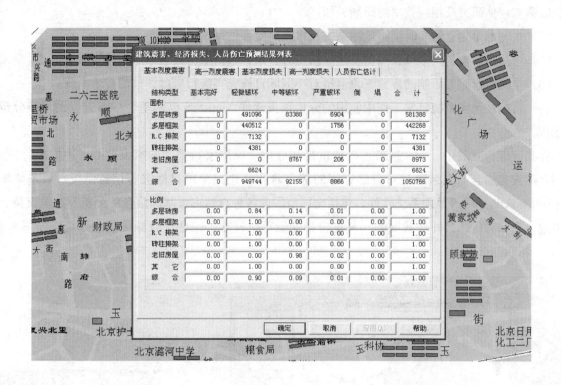

图 9.48　GIS 对建筑震害、经济损失和人员伤亡的预测

　　GIS 由于数据更新的快捷性、空间分析的实时性，对城市抗震防灾规划的动态调整提供了良好的技术支持。借助 GIS，可以对城市抗震防灾规划的实施进行监督反馈，然后对规划方案进行调整，使城市抗震防灾规划处于一个通畅的良好循环中。

　　GIS 还可应用于地震应急指挥与决策系统，如震情监视、通信联络、抢险救灾、医疗防疫、物资供应、交通运输、生活安置、震害评估、宣传报道等。1994 年的美国洛杉矶大地震，就是利用 Arc/Info 进行灾后应急响应决策支持，成为大都市利用 GIS 技术建立防震减灾系统的成功范例。日本横滨大地震后，日本政府决定利用 GIS 技术建立更好的能快速响应的防震减灾系统，日本建筑署建设研究所等政府部门在联合国区域发展支持下，建立了防震减灾应急系统，选用 Arc/Info 对横滨大地震的震后影响做出评估，建立各类数字地图库，如地质、断层、倒塌建筑等图库，把各类图层进行叠加分析得出对应急有价值的信息，该系统的建成使有关机构可以对像神户一样的大都市大地震做出快速响应，最大限度地减少伤亡和损失。2000 年上海市防灾救灾研究所等单位建立了基于 GIS 的上海市（宝山区）防震减灾应急决策信息系统。

9.3.4　GIS 在综合减灾中的应用

近年来，GIS 已在减轻自然灾害的各个环节和领域得到或即将得到应用。在我国的各单灾种灾害研究与管理部门，已建立了若干个用于单灾种研究的灾害信息管理系统，开展了系列的自然灾害应急监测与评估研究及相应技术的研制。如：

（1）水利部等建立的实时洪水监测系统及水灾风险评估系统。

（2）中国科学院与国家气象局初步建立的实时台风、暴雨洪涝灾害信息及减灾系统。

（3）中国科学院等研制的应急气象卫星对小区域自然灾害进行应急评估的技术系统。

（4）目前在地震系统日常工作中使用的分析预报软件 Map SiS 也是基于 GIS 开发的地震分析预报系统。

在我国综合减灾中，GIS 越来越得到重视和应用，原国家科委、国家发改委、原国家经贸委、全国自然灾害综合研究组通过对自然灾害的综合研究已建成全国自然灾害信息系统，该系统使用 MapInfo、Arc/info 等地理系统软件，包括全国范围内各种自然灾害基础信息的分析及决策支持、各种地理背景信息等。另外在我国的一些省份如安徽等也建立了一些综合减灾信息系统，如图 9.49、图 9.50 所示。

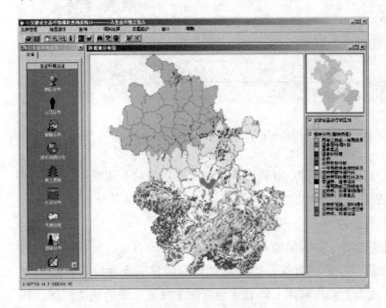

图 9.49　安徽生态环境现状调查信息查询系统

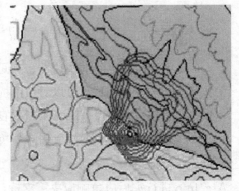

图 9.50　安徽森林火灾扑救决策系统
（齐云山火灾蔓延边界线）

本 章 参 考 文 献

［1］　中国建筑科学研究院. 建筑抗震加固技术规程［S］. 北京：中国建筑工业出版社，2002.

［2］　四川省建设委员会. 民用建筑可靠性鉴定标准［S］. 北京：中国建筑工业出版社，1999.

［3］　陈慧芳. JGJ 125—99　危险房屋鉴定标准［S］. 北京：中国建筑工业出版社，2004：30.

［4］　全国人民代表大会常务委员会. 中华人民共和国防震减灾法［S］. 北京：法律出版社，2009.

［5］　广州大学. JGJ 297—2013　建筑消能减震技术规程［S］. 北京：中国建筑工业出版社，2013.

［6］　住房城乡建设部关于房屋建筑工程推广应用减隔震技术的若干意见（暂行）［R］. 2015.

［7］　高峰. 隔震：建筑工程抗震新技术［J］. 生命与灾害，2009（5）：17-18.

［8］　火恩杰，宋俊高. GIS 在城市防震减灾应争决策中的应用［J］. 自然灾害学报，2000，9（3）：15-22.

第 10 章　现代城市防灾减灾对策展望

10.1　现代城市与城市灾害的发展趋势

从世界范围内来看，人口向城市集中是个全球趋势。50 年前，世界上只有不到 30％的人口居住在城市中，而今天，约有 50％的人口居住在城市之中。人口的城市化，导致了社会生产力和社会财富向城市这种十分有限的地域高度集中。

截至 2013 年年末，我国现有城市 658 个，其中直辖市 4 个，副省级市 15 个，地级市 271 个，县级市 368 个。长江三角洲、珠江三角洲、辽东半岛和京津唐地区，目前已经形成比较完整的城市群体，有 200 多座城市在原来的小城镇的基础上迅速发展成为中等城市。预计到 2050 年，发达国家的城镇化率将达到 85.4％，发展中国家城镇化率也将上升至 63.4％。

新的《中国地震动参数区划图》（GB 18306—2015）颁布以来，位于地震烈度大于或等于 7 度的城市较之前有所扩大。从有历史记载以来，我国各省、自治区和直辖市都曾发生过 5 级以上的地震。城市化进程的加快，灾害的新形式不断涌现，灾害的影响范围日趋扩大，多灾种复合型等灾害形式成为现代城市灾害又一特征。

10.1.1　城市的脆弱性

城市是灾害的巨大承灾体，城市的现代化程度越高，其致灾易损性就越大，城市就显得越发脆弱。城市灾害几乎包括灾害的全部类型。城市的致灾要素有：地震、水灾、气象灾害、火灾与爆炸、公害致灾、"开发性"致灾等。

2015 年 3 月 18 日，在日本仙台成功召开第三届世界减灾大会，该大会是继 1994 年日本横滨第一届世界减灾大会以来，联合国举行的全球最大规模的减轻灾害风险大会。大会评估了《2005—2015 年行动纲领：加强国家和社区的抗灾能力》（以下简称《兵库行动纲领》）的执行情况，通过了2015 年后全球减灾领域新的行动框架——《2015—2030 年仙台减轻灾害风险框架》（以下简称《仙台框架》）。在《仙台框架》中指出脆弱性是指设施、社会、经济和环境等因素决定的更易使城市遭受灾害影响的特定属性。

在全球化、城市化和我国经济社会转型的大背景下，我国大中城市已进入典型的危机高发期，城市灾害的发生日益频繁，主要体现在以下 4 个方面：

（1）灾害事件呈现高频次、多领域发生的态势。

（2）非传统安全问题成为现代城市安全的主要威胁，由于这些非传统危机比自然危机更具有隐蔽性、不确定性、偶发性和突发性，政府对这类危机缺乏相对完善的预警，从而加重了危机的不良后果。

（3）突发性灾害事件极易被放大为社会危机。

（4）危机事件的国际化程度加大。

灾害社会学的研究和国内外多次灾害的实际表明，经济发达、人口稠密地区的灾害并不一定随经济发展、人类文明和科技进步而同步减轻；相反，随着现代文明的发展，灾害的严重程度也可能在相当长的一段时期内呈递增趋势。城市并不如我们想象的那样安全，依赖于现代文明和技术的大城市，却因为这种依赖而变得更加脆弱。

10.1.2　现代城市灾害的特点

灾害在任何时间、任何地方都有发生的可能性，但是它们发生在城市对人类造成的危害最大，主要表现在以下 4 个方面：

1. 灾害的多样化

城市由于其所处的特殊地理位置（沿江、河、湖、海，山前平原、冲积平原）和环境条件，因而极易遭受自然灾害的袭击。地震、洪灾、海啸、地质灾害是城市受到威胁最大的自然灾害灾种。除了上述 4 种外，主要灾种还有火灾、爆炸、恐怖袭击以及安全卫生事件等。这些灾害往往具有强破坏性、多重性、连锁扩散性等。强破坏性主要表现在人员伤亡、城市基础设施破坏、财产损失、社会与经济秩序的破坏以及生产系统的紊乱等方面。而城市空间的集中性、人口密度的集中性和经济的密集性又决定了城市灾害的多重性、连锁扩散性等特点。

2. 灾害的进化性

随着经济发展和社会进步，现代工程结构多种多样，如地质与岩土、地下工程、港湾、采油平台、海岸设施、海上机场、大坝、核电站、LNG 储罐、高层建筑、特大结构、桥梁与隧洞、地铁等。传统灾害的来临对现代结构的破坏往往难以预料。图 10.1 中杂居楼的潜在危险之一是当下层饭

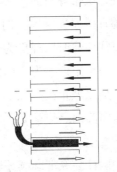

图 10.1　杂居楼潜在灾害形式

199

店出现火灾时，大火产生的烟雾可能沿着楼梯间上升导致上层居民的伤亡（图10.1）。此外生命线人孔上浮（图10.2），开发活动导致的工程灾害（图10.3）也从不同角度反映了灾害的进化性。

图10.2　人孔上浮

图10.3　京广桥路面坍塌

3. 区域性、社会性、国际性

由于城市功能网的整体性强，当一种功能失效时，常波及到其他功能：如建筑物的倒塌可能造成管线破坏、交通受阻。城市居民对城市功能的依赖性较强，一旦功能失效，极易引起社会秩序的混乱。现代工业、高新技术和信息产业的快速发展在为国家和个人提供全新的发展机遇和生活空间的同时，也带来了新的安全威胁。此外，单独的灾害事件很可能扩大为区域性或国际性影响事件。例如：2005年"吉林—哈尔滨"危机事件扩大化所导致的松花江沿江地区的污染，并且波及到了俄罗斯境内；2006年12月南海海域发生7.2级、6.7级地震致使中国大陆至中国台湾地区、美国、欧洲等方向通信线路大量中断，对国际、港澳台互联网访问的质量受到严重影响。

4. 突发性

灾害形成的过程有长有短，有缓有急。有些灾害，会在几天、几小时甚至几分钟、几秒钟内表现为灾害行为，如地震、洪水、飓风、风暴潮、冰雹等，这类灾害称之为突发性灾害。纵观前述的多种灾害，其中大部分灾害具有突发性，由于灾害来临时人们未能及时做好准备，因此导致了严重的人员伤亡和经济损失。

随着经济的发展，城市规模的扩大和大型工业企业的建立，城市人口和财产变得高度密集，这使得城市各类事故的直接损失巨大。例如，交通事故、火灾、燃气泄漏、化学危险品泄漏等灾害对城市安全的威胁比以往任何时期都更为严重，城市重大的意外公共事故造成群死群伤和重大财产损失的事件时有发生。城市中以人为主体的社会活动改变了原有的自然状态，从某种程度上导致了城市地区灾害的发生。加之城市公共设施状态以及城市对基础设施的依赖程度，城市灾害极易发生。如煤气管道老化、电缆陈旧、化学工厂危险品的处置不当以及工程施工风险等，均可能导致城市自然灾害和人为灾害的发生。

未来几十年是中国社会经济继续蓬勃发展的时期，同时也是人口、资源、环境、灾害问题更加突出的时期。一方面是自然力活动或自然环境异常变化的结果；另一方面也受到社会经济条件和人类活动影响的结果。

在自然灾害方面：由于经济的增长以及人口越来越向城市集中，今后一段时期自然灾害造成的破坏与损失更加严重，城市的交通、供水供电、通信等工程设施将成为自然灾害的重要破坏对象。随着城市化、现代化的发展，自然灾害对第二产业、第三产业的危害也日益突出，造成的绝对经济损失持续增长。地震、海啸、洪涝、旱灾、台风等灾害的威胁仍然存在。虽然我国目前的防灾减灾工作取得了一定进展，但防灾能力仍然有待进一步提高。

在自然事故或人为灾害方面：随着城市现代化程度越来越高，城市灾害事故发生后造成的危害也越来越大，特别是各种城市灾害相互交错，同步叠加，从而加大了城市灾害的损失程度。人为灾害的随机性很强，损失也越来越大，如连续不断发生的列车相撞、飞机失事、轮船沉没以及瘟疫流行等，都相继造成了巨大的人员伤亡和社会动荡。

此外恐怖活动成为近年来时常发生的一种城市灾害。2001 年的"9•11"事件以及 2017 年 4 月 3 日俄罗斯圣彼得堡地铁接连发生的两起恐怖袭击事件都给世界各国敲响了警钟，也为我国的城市防灾工作提出了新课题。

从 21 世纪的可持续发展观念出发，我们认为，解决城市安全防灾减灾问题是当前以及未来城市发展的重要目标之一。城市作为国民经济中最具活力的部分以及国家经济增长的发动机，绝不能出现系统体系上的事故，否则危机将降临城市各个环节。为此，构想并规划城市总体防灾减灾问题就显得十分必要及迫切。

10.2 近年来国家在防灾减灾的施策及所取得的成绩

新中国成立至今，我国城市减灾工作取得了有目共睹的巨大成绩。针对我国城市的防灾形势，我国城市防灾减灾应坚持"以预防为主，防治结合"的方针，立足建立与城市经济社会发展相适应的城市灾害综合防治体系，综合运用工程技术、法律行政及教育等手段，提高城市的防灾减灾能力，为城市的可持续发展提供可靠的保证。主要表现在以下几个方面。

10.2.1 我国防灾的立法与减灾管理体系建设

我国历来十分重视防灾问题，已制定了相关的法律和法规。我国防灾方面的法律法规有《中华人民共和国防震减灾法》《中华人民共和国突发事件应对法》《城市抗震防灾规划管理规定》《中华人民共和国保险法》《中华人民共和国防洪法》《中华人民共和国消防法》《中华人民共和国人民防空法》《中华人民共和国矿山安全法》《中华人民共和国安全生产法》《中华人民共和国交通安全法》以及《国家地震应急预案》等（图 10.4），这是人大（或国务院）针对个案而制定的法律（或法规）。在建设行业，先后颁布了《中华人民共和国建筑法》《建设工程抗震设防要求管理规定》《建设工程勘察设计管理条例》以及《建设工程安全生产管理条例》等；为防范大型工程的技术风险，住建部发布了《超限高层建筑工程抗震设防管理规定》和《建设工程质量管理条例》；地震应急方面，颁布了《破坏性地震应急条例》及《国家地震应急预案》等法规。这些行政法规与管理规定的出台一方面从行政管理层面加强了对大型公共建筑的安全保证；另一方面也从政策层面对大型公共建筑安全的技术研究开发提供了强有力的政策指导与保证。

图 10.4　防灾领域的法律文本

新中国成立以来，尤其是改革开放 30 多年以来，我国的城市减灾管理有了长足的进步。以《中华人民共和国防震减灾法》《国家综合防灾减灾（2016—2020 年）》以及《城市抗震防灾规划管理规定》等为代表的一系列法律法规的颁布实施，使减灾管理法律体系不断充实完善。近十年来，从中央到地方纷纷建立了各级灾害防御协会、民防协会等组织及跨部门、多学科交叉的研究机构，聚集并形成了一支热心于城市减灾的科研力量。

随着经济建设的发展与城市基础设施的现代化，城市的综合抗灾能力不断增强。在此基础上，各种应急预案定期修正更新，特别是利用 GIS、GPS 和 RS 技术和现今的通信手段，减灾工作的效率明显提高。我国的城市减灾管理无论在"软件"还是"硬件"建设方面都取得了巨大的进步。

10.2.2　防灾减灾规划的编制与实施

习近平在唐山抗震救灾和新唐山建设 40 年之际指出，我国是世界上自然灾害最为严重的国家之一，灾害种类多，分布地域广，发生频率高，造成损失重，这是一个基本国情。新中国成立以来特别是改革开放以来，我们不断探索，确立了以防为主、防抗救相结合的工作方针，国家综合防灾减灾救灾能力得到全面提升。要总结经验，进一步增强忧患意识、责任意识，坚持以防为主、防抗救相结合，坚持常态减灾和非常态救灾相统一，努力实现从注重灾后救助向注重灾前预防转变，从应对单一灾种向综合减灾转变，从减少灾害损失向减轻灾害风险转变，全面提升全社会抵御自然灾害的综合防范能力。

习近平强调，防灾减灾救灾事关人民生命财产安全，事关社会和谐稳定，是衡量执政党领导力、检验政府执行力、评判国家动员力、体现民族凝聚力的一个重要方面。当前和今后一个时期，要着力从加强组织领导、健全体制、完善法律法规、推进重大防灾减灾工程建设、加强灾害监测预警和风险防范能力建设、提高城市建筑和基础设施抗灾能力、提高农村住房设防水平和抗灾能力、加大灾害管理培训力度、建立防灾减灾救灾宣传教育长效机制、引导社会力量有序参与等方面进行努力。

为贯彻落实党中央、国务院关于加强防灾减灾救灾工作的决策部署，提高全社会抵御自然灾害的综合防范能力，切实维护人民群众生命财产安全，为全面建成小康社会提供坚实保障，依据《中华人民共和国国民经济和社会发展第十三个五年规划纲要》以及有关法律法规，制定了《国家综合防灾减灾规划（2016—2020 年）》（以下简称《规划》）。

《规划》明确了"十三五"国家综合防灾减灾工作的主要任务：①完善防灾减灾救灾法律制度，

加快形成预案法规和技术标准体系；②健全防灾减灾救灾体制机制，明确中央与地方应对自然灾害的事权划分，强化地方党委、政府的主体责任；③加强灾害监测预报预警与风险防范能力建设，提高灾害预警信息发布的准确性、时效性，开展灾害风险与减灾能力调查；④加强灾害应急处置与恢复重建能力建设，稳步提升受灾人员生活保障水平，把灾区建设得更安全、更美好；⑤加强工程防灾减灾能力建设，提高城市建筑和基础设施的抗灾能力，提升农村住房的设防水平和抗灾能力；⑥加强防灾减灾救灾科技支撑能力建设，加强基础理论和关键技术研发，推进新技术应用，促进防灾减灾救灾产业发展；⑦加强区域和城乡基层防灾减灾救灾能力建设，协调开展区域能力建设的试点示范工作，加强应急避难场所以及社区和家庭减灾能力建设；⑧发挥市场和社会力量在防灾减灾救灾中的作用，加快建立巨灾保险制度，完善社会力量参与防灾减灾救灾政策；⑨加强防灾减灾宣传教育，提升全民防灾减灾意识和自救互救技能；⑩推进防灾减灾救灾国际合作与交流，推动落实联合国 2030 年可持续发展议程和《2015—2030 年仙台减轻灾害风险框架》。

10.2.3　标准规范体系的建设

作为国家工程建设的主管部门，住房和城乡建设部批准颁布实施了《建筑抗震设计规范》、《建筑设计防火规范》（图 10.5）等数百项工程建设国家标准，建立了我国的工程建设标准体系。根据近年来我国大型公共建筑发展的趋势、标准规范实施过程中发现的一些问题，部分新标准规范已经进行了修订，包括《混凝土结构设

图 10.5　建筑设计防火规范

计规范》《建筑抗震设计规范》《高层建筑混凝土结构技术规程》等，这些规范规程的修编将带动相关行业标准与产品标准的逐步修订。

10.2.4　已有建筑的加固与新建筑的抗震设计

唐山地震以前，我国大多数地震区的房屋和工程设施没有抗震设防，唐山大地震后，对这些房屋和工程设施的鉴定和加固成为一项刻不容缓的任务。我国建立了抗震鉴定及加固的基本管理体制，制定了主要着眼于安全的技术标准《工业与民用建筑抗震鉴定标准》（TJ 23 - 77）；在国家计划的统一安排下，7 度及以上抗震设防地区完成了一批既有建筑的鉴定和加固。目前，对于城市旧城区，由于历史等多种综合原因，我国许多大、中城市在"城市化"的进程中通过对城市旧城区重新规划，对旧城区房屋进行加固、改建和拆迁，从而使我国城市中既有建筑的抗震能力得到了明显的提高。

《建筑抗震设计规范》开始执行后，抗震鉴定及加固进入了一个综合发展的阶段，抗震鉴定、加固与建筑功能改造日益密切地结合在一起。抗震鉴定及加固的要求扩大到 6 度设防区，与现行设计规范配套的鉴定及加固标准包括《建筑抗震鉴定标准》和《建筑抗震加固技术规程》（JGJ 116—2009），强调"抗震概念鉴定"，提出了考虑抗震承载力及构造影响的综合抗震能力评定方法；抗震加固采用了一些新技术、新方法、新工艺和新材料，如消能减震技术、高强钢绞线技术、碳纤维技术、化学植筋技术及无振动切割钻孔工艺等。另一方面，正确评估震后房屋破坏和损失是政府对救灾和恢复重建进行决策的重要依据。对房屋进行快速鉴定，判别其是否安全，对安置灾民、恢复生产和生活秩序是一项紧迫而重要的工作，为此目的而发展起来震害损失评定和震损建筑的快速评估技术已在多次地震中得到应用。1990 年颁布的《建筑地震破坏等级划分标准》为评估建筑的地震破坏损失提供了依据，目前住建部已开始了关于房屋建筑震后评估与恢复重建的技术标准的编制工作。

10.3　城市防灾减灾中存在的问题

尽管我国在防灾能力建设中取得了长足的进步，但与发达国家相比，我们的防灾工作亟待加强，尤其在灾害来临时最能体会到这一点。

目前城市公共安全问题已引起我国政府和民众的高度关注。城市大型公共建筑具有建设投入大、规模大、体型复杂、人员高度集中的特点，它们既是现代化城市的一个重要标志，更是维系城市功能的一个重要组成部分。在其全寿命期内如果没有足够的安全储备，使用过程中没有一定的安全监测与预警，一旦发生突发性自然灾害或人为恐怖事件，必定会造成严重的经济损失和人员伤亡，甚至引起城市功能的局部瘫痪，其社会和政治的影响十分恶劣。

1. 城市建筑和基础设施抵御灾害方面尚存盲点

从 20 世纪 70 年代末期我国逐渐进入城市化发展阶段，经过近 40 年的发展，开始进入城市建设的高潮时期。2003 年我国城市化水平为 40.5％，预计 2020 年将达到 60％。考察发达国家城市化的发展历程，一个国家的城市化水平超过 30％以后将快速发展，直到 70％才开始趋于稳定发展。由此推算，我国城市化的快速发展时期将会持续到 2030 年，在这一时期，每年将会有 1800 万的农村人口流向城市，这意味着城市将要建设更多的配套设施以适应城市化进程的要求。

近年来，城市建设发展状况及安全形势也出现了新特点。首先，城市建设的重点已经不再是 20 世纪 80—90 年代的高层写字楼、城市高架桥和普通住宅，而发展成为大型文化体育场馆、商业娱乐设施、大型会议展览中心、大型交通枢纽中心、超高层或异形复杂地标建筑等项目，这些项目成为体现现代城市文明发展的一个重要标志。有些建筑超出了我国现行相关技术标准、规范的范围与工程结构的种类，因而对结构抗震、抗风、防火以及使用过程的安全保障提出了更高的要求。

此外，在一定时期内我国仍然存在大量抗震性能不达标的建筑。我国地域广阔，各地情形不同，经济发展不平衡。1989 年以前的建筑（多为砌体结构）还占相当大的比例，这些建筑未考虑抗震设防或者抗震能力不足，存在着较大隐患。气候及历史原因，很多城市存在大量抗震性能较差的"特色建筑"，如广东、广西、福建、湖南等省很多城市的"骑楼"等（图10.6）。此外，近年来一些开发商过分追求立面效果和大空间，出现大量不规则建筑，其问题有超高、超层、悬挑过大、开间门窗过大等，结构设计上又没有采取相应抗震措施，为灾害发生埋下了隐患。

随着现代城市的发展，构成城市系统的元素也越来越复杂，因此城市致灾因素也趋于多元性，城市灾害的形式也越来越多样化，这也是城市多灾种防灾减灾面临新的挑战。如图10.7所示的建筑物，这种新造型可能会导致火灾时的救援梯不能正常发挥作用。

在"9·11"事件发生之前，超高层建筑设计过程中很少考虑来自空中的威胁。2001年"9·11"事件的发生也预示着现代城市发展所面临的灾害形式变得复杂

图10.6　骑楼

多样化；2003年8月14日，美国纽约市中心街区发生大面积停电，进而影响美国东部几大城市和加拿大部分城市，停电持续了30个小时；2003年SARS事件持续了3个多月，造成近千人死亡，对整个亚洲地区的医疗机构造成了很大的冲击。

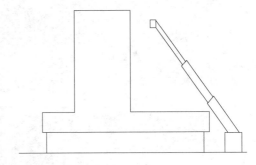

图10.7　新结构形式带来的新灾害潜在危险源

即使是现代城市中的同一类型建（构）筑物，其可能遇到的灾害形式也有很大不同。以地铁为例：1995年的东京地铁沙林毒气事件，2001年韩国汉城地铁遭受水灾，2003年韩国大邱地铁的纵火案（图10.8），2017年俄罗斯圣彼得堡地铁爆炸案，各国城市地铁系统成为了各种灾害的载体。中国很多城市正在修建地铁，因此对地铁灾害这种灾害形式的研究具有现实指导意义。

城市的供水、供气、供电、交通、通信等基础设施系统是维持现代城市生产、生活的基础，系统一旦失效，将造成广泛的社会困难和经济损失。特别是，由于现代城市的各种生命线工程系统高度集中，在灾害来临时对社会产生的影响巨大。2005年北京海淀区北沙滩桥下的地下输水管线爆裂导致路面交通受阻（图10.9）。2007年6月15日，运沙船违入非主航道与广东省九江大桥桥墩相撞，导致200m桥面坍塌（图10.10），4辆车落水，7名驾乘人员失踪，同时给交通带来了极大影响。

（a）地铁火灾外部场景

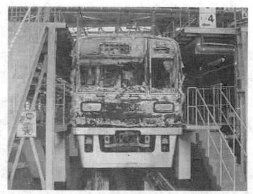

（b）烧毁的列车

图 10.8　韩国大邱市地铁火灾

（a）路面大面积积水

（b）行人交通不便

图 10.9　北沙滩桥地下管线爆裂

图 10.10　九江大桥桥面坍塌

　　城市地铁有效地缓解了因人口稠密而导致的交通拥挤问题。但由于地铁建设于地下，建筑结构复杂，具有封闭性强、客流量大且来源复杂、乘客自助乘车、出入口少、疏散路线长、通风照明条件差、电器设备种类多、易于受到外界因素干扰等固有特点，一旦发生灾害事故，人员的应急疏散和处置救援都十分困难，极易造成重大人员伤亡事故。

　　地铁作为一类特殊的人员高度集中的公共场所，在面对自然灾害、突发事件时，必须遵循应急预案，做好人员的应急疏散和救援工作。而地铁防灾标识系统则是在灾时最贴近人间行为活动的应急系统，合理有效的标识，能够使受灾人员第一时间评估自己的受灾状态，缩短应急疏散的时间，找到一个合理的应急疏散路线，等等，以此确保地铁应急救援工作的顺利进行，保障旅客的安全以及防灾应急预案系统中各项调度指挥系统、应急救援系统的正常运作。

　　关于地铁标识北京科技大学对此做过深入的研究。研究通过对国内外大中型地铁站标识系统的调研，分析了国内地铁防灾标识系统现存的问题。该研究指出，由于一些地铁运营公司在站厅、站台大量设置商业网点，并在地铁隧道、车厢内大量设置广告灯箱、图版［图10.11（a）～图10.11（c）］，干扰混淆视线，延误逃生时间，直接影响到安全疏散，直至整个的救援工作的进行。相比之下，国外的地铁站内标识系统比较醒目［图10.11（d）］，在紧急事件发生时能尽可能地为广大灾民提供帮助。

（a）国内标识系统（1）

（b）国内标识系统（2）

（c）国内标识系统（3）

（d）国外标识系统

图10.11　地铁站内的标识系统

2. 立法与管理体制有待进一步加强

　　世界各国在立法问题上都建立了相应的法制体系，如美国《联邦应急计划》、日本《防灾基本计划》、土耳其《紧急灾害救援组织及计划方针》、泰国《1996年内务部民事灾害预防计划》、新西兰《国家民防计划》。这些计划详细规定了灾前应采取的各种预防措施、减灾工程，灾时、灾后应采取的措施，使得整个国家的防灾工作有计划、有步骤、有条不紊地进行。特别地，日本作为重灾国家迄今为止已经制订了《灾害救助法》《灾害对策基本法》等在内的各类防灾减灾法律近 40 部，每年政府用于防灾的财政资金预算达到国民收入的 5%。由于法律体系完善、防灾资金充足，保证了日本防灾减灾工作的顺利开展，将各种灾害事故损失减少到最低。

我国也积极开展了灾害立法的建设工作，例如《防震减灾法》《安全生产法》《传染病防治法》等多个防灾法，在国家区域经济中发挥了重要作用，中国的防灾减灾法规现状仍然十分薄弱，发展极不平衡，有关防灾减灾的法律法规、行政规章，缺少全面统筹规划和规范，建立符合中国政治、经济、社会自然环境背景及管理现状的完善的中国防灾减灾法律体系，任务十分艰巨。

此外，我国在城市防灾减灾尚存在的薄弱环节还有：城市对突发重大灾害的应急救援体系尚不完善；城市对灾害的救援规划研究不够；由于缺乏必要的减灾法规支撑体系，城市防灾规划定位不够明确；信息技术、遥感技术、地理信息系统、仿真技术等先进科学技术尚未在城市防灾减灾工作中发挥出应有的作用。

3. 防灾规划在城市管理规划中应发挥重要作用

防灾规划问题对于震后的救援工作有着极为重要的作用，但在防灾规划上所做的工作还远远不够。图 10.12 是地震时城市的混乱场面。对此，日本有着生命和鲜血的教训。1923 年，东京关东大地震中 9 万多人死亡，虽然，城市里的广场、绿地和公园等公共场所对灭火和阻止火势蔓延起到了积极的作用，157 万名市民（当时东京人口的 70%左右）因及时逃到公园等公共场所避难而得以幸存，但是 90%的人葬身于地震造成的二次灾害——火灾。1996 年，阪神大地震后，神户市内 1200多处大大小小的公园对阻止火势蔓延起到了极其重要的作用。地震中丧生的 5400 人中 90%的人是死于建筑坍塌，死于二次灾害的人很少。

图 10.12　灾害时城市的混乱

10.4　城市防灾减灾的主要任务

《国家综合防灾减灾规划（2016—2020 年）》（以下简称《规划》）是在总结我国减灾工作经验的基础上，围绕国民经济和社会发展总体规划而制定出来的第一部国家有关减灾工作的规划，是我国今后一个时期内减灾工作的基本依据。各地、各部门要认真贯彻落实《规划》的精神，按照《规划》提出的指导方针、主要目标和任务，切实做好减灾工作，为国民经济的持续快速健康发展和社会的全面进步服务。纵观近年现代城市灾害的发展趋势，结合我们在防灾减灾工作中所获得的经验教训，在未来的防灾减灾工作中，我们应从以下几方面展开行动。

（1）加强城市基础设施、工程结构防灾能力的普查工作力度。城市基础设施、工程结构的防灾普查工作是摆在我国政府面前的一项重要的任务。针对不同区域、不同气象环境与条件下的城市进行防灾能力调查与普查对于加强城乡建筑和各类重要工程结构防灾性能普查工作有着重要意义。对于抗震和防灾能力达不到标准的建筑物，应及早考虑适当加固或重建，防患于未然。

（2）进行重大工程项目的安全性评价。在目前的经济发展水平下，需要对一些重大工程项目（图10.13）做好安全性评价工作。国内外大量工程实例说明，工程建设前进行地震安全性评价工作和抗震设计与否，其效果大相径庭。据文献统计，目前我国仅有10％的重点建设工程开展过地震安全性评价工作，处于极低的水平。

（a）跨江大桥建设

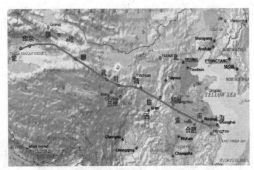

（b）西气东输工程

图10.13 重大工程实例

我国城市基础设施规划不合理，其建设一直滞后于经济的发展，表现为设施配套不全、设备陈旧、相同地段反复开挖建设、抗震能力差，特别是供水、供电、供气、通信和交通等与人民生活和震后救灾有密切关系的生命线工程设施和设备，防护措施较差。

为了保持我国经济持续高速发展，过去那种只从设计、施工质量单一层面上去寻求结构的安全性是不够的。从20世纪70年代后，国内外专家在分析研究、认真总结经验教训的基础上，除强调结构的安全性、耐久性、整体牢固性的要求外，还逐步讨论了结构在使用期间的检测、维修、加固的新技术，对不同工程结构的灾害和可接受的危险水平进行了深入研究。重大工程结构的耐久性问题开始为国家和工程技术界逐渐重视。

为保证施工质量和施工期间的结构安全，需要建立一套有效可靠的工程质量和结构安全监控体系。结构在使用过程中，无法预知的影响结构安全的偶然因素相对较多。结构的变形和损伤是一个过程，通过人力或常规的测量手段很难在结构出现危险状态之前察觉或监测到，必须依靠现代高精度的监测分析系统才能对结构的工作状态给出评价，并在结构出现异常状态之前发出警报，及时进行处理，避免重大事故的发生，因此，实施结构在使用期间的安全监测与评价是非常必要的。

1）城市交通枢纽安全评价。现代城市交通枢纽立体布局加大，但往往对过渡安全空间考虑不足，再加上人口流动性大，致使交通枢纽显得十分脆弱，特别是地铁的中心车站，由于地铁建设于地下，建筑结构复杂，具有封闭性强、客流量大且来源复杂、乘客自助乘车、出入口少、疏散路线长、通风照明条件差、电器设备种类多、易于受到外界因素干扰等固有特点，一旦发生灾害事故，人员的应急疏散和处置救援都十分困难，极易造成重大人员伤亡事故。

2）体育场馆等大型公用设施的安全性评价。大型公共场所如商场、超市的事故隐患很大，最主要的安全评价在于要确保其中人员应急疏散的可靠性及安全可达性。其中人员疏散计算机模拟技术及其疏散安全性评价、公众自救能力和演习是重要措施。一方面通过防火等级、防火分区、安全疏散、消防给水、防排烟及报警等确保安全设计水平；另一方面采用性能化防火设计的方法，利用计算机模拟技术与仿真建立起切实可行的疏散路线，提高对所有现在危险源的监控能力。北京 2008 年奥运会的主场馆（图 10.14）在建设时，安全奥运也被提出来作为一种承办奥运会的新理念，由于奥运会是全球性的体育盛会，其安全性更是备受世人瞩目。因此做好体育场馆的安全评价工作十分重要。

（a）国家体育场——鸟巢　　　　　　　　　（b）北京科技大学奥运体育馆

图 10.14　建设中的北京 2008 年奥运会场馆

3）危险源潜在区域的安全评价。由于工业化与城市化水平的提高，人群接触危险化学品的概率增多（图 10.15），无论是生活中还是装修中，都在广泛应用化品，如果再考虑终日穿梭于公共场所及街区的流动危险源，更要求对城市环境予以安全性评价。最重要的是要建立危险化学品基础数据库，建立 GPS、GIS 等高新科技电子监控和控制系统。现在国外的公共场所爆炸事件越来越频繁，从某种意义上讲，这种风险在中国也可能存在。从构建和谐社会这一角度出发，做好危险化学品的安全评价对社会公共安全有重要意义。

4）生命线系统常态与备灾功能的安全性评价。生命线工程是把线或面状分布的很多要素联系起来，支撑城市正常运转和维持居民日常生活的一个有机网络系统。随着经济的发展，现代化城市对于生命线工程功能的依赖性越来越强。一旦发生地震将导致相应的生命线工程设施破坏，不仅可能使整个救援工作难以有效展开，严重者还会造成居民日常生活难以为继和城市瘫痪，引发

图 10.15 危险化学品的潜在威胁

严重的次生灾害，导致灾情加剧。三渡水大桥路面塌陷以及广东佛山九江大桥被撞断的实例（图 10.16）时刻警醒着我们，现代城市生命线工程的安全性应高度重视。客观地看，城市生命线系统的事故及酿灾，除城市规划布局不合理、防护措施老化等历史原因外，还包括技术上的固有缺陷及本质不安全的设计等。城市生命线系统的可靠安全运行，既取决于充分的备灾设计，更取决于先进的系统检测技术。

（a）成都三渡水大桥一侧突然下陷半米　　　　　　　（b）广东佛山九江大桥被撞断

图 10.16 路桥事故实例

（3）完善防灾法律体系。加强灾害研究，提高灾害管理水平，提升我国的综合减灾能力是现代化城市建设的重要内容。我国当前的减灾工作并未使灾害损失从根本上得到有效控制。究其原因，除不断出现新的灾种以及经济的发展，城市之于灾害的脆弱性、易损性加大，综合减灾工作不到位，力度不够大等主要原因，而其中以减灾工作缺乏由国家强制力保证实施的、行之有效的制度规则为关键。当务之急就是要制定减灾领域的基本法，实现有法可依，依法减灾。

完善减灾法律法规体系，实现依法减灾是依法治国、依法行政方略在减灾工作中的具体体现。减灾工作是国家实施行政管理活动，进行社会主义建设的内容之一，是保障人民群众生命财产安全，维护社会稳定，促进经济发展的重要举措。因此，依照《宪法》和《立法法》的规定，加快制定我国的综合性减灾的基本法，完善减灾法律法规体系，使灾害预防、灾中救助和灾后恢复重建都有法律依据，切实维护灾民的合法权益。这是贯彻依法治国方略，建设社会主义法治国家在减灾工作中的具体体现和必然要求。

综合防灾减灾立法的指导方针要以最大限度地防御和减轻各种灾害所造成的人员伤亡及财产损失，有力地保障国家经济持续、健康发展和社会安定进步为基本目标。基本原则为：坚持防灾减灾工作同经济、社会发展和环境、资源保护相结合；坚持以预防为主，测、报、防、抗、救各工作环节相结合；坚持避害趋利和除害兴利；坚持把握全局，突出加强重点灾种、重点地域并协调好灾害链的关系，坚持全面领导、统筹规划、分工协作、先易后难，逐步推进的做法；坚持调动一切积极因素，充分发挥中央、地方和各部门行业及社会参与的做法；坚持国际间的交流和合作；坚持科教兴国的方针，充分发挥科技进步在国家防灾减灾及提高国家综合减灾能力方面的作用；坚持处理好国家行政机关、企事业单位团体及社会公民在执法中的责、权、利关系；坚持全面建立和健全符合我国国情的防灾减灾的立法和执法监督部门的分级、分部门、分行业的管理体制及运行机制。

（4）开展多灾种减灾及区域综合防灾体系建设。城市多灾种减灾是以减少人员伤亡和财产损失、减少灾害对社会经济发展和生态环境的影响为指导思想，目的在于改变传统防灾"各自为政"的体系，建立一个以预测、预报、预防、救援几大系列为主，包括各单项灾种子系统在内的总体灾害防御。

同时针对自然灾害、事故灾难、公共卫生事件、恐怖袭击等突发危机事件要进行多灾种减灾及综合防御体系建设，对于最大程度减轻城市灾害有着重要的意义。

（5）实施与完善城市抗震防灾规划。1996 年"国际减灾日"的口号明确提出"城市化与灾害"，它标志着城市灾害已成为减灾重点。任何城市化发展迅猛的国家都必须关注城市化进程中的灾害潜在趋势及制约措施。城市的政治、经济、文化、科学的中心，一旦遭受地震或其他灾害袭击，往往会造成严重的灾害。许多国家在总结地震灾害血的教训后，意识到抗御地震的重点应首先放在大城市，继而扩展到小城市、大中型企业和农村。而抗震工作的立足点应以预防为主，在城市的改造和发展规划中，不断增强城市抗震防灾的对策，逐步形成城市发展规划中一项必不可少的专业规划——城市抗震防灾规划。

编制和实施城市抗震防灾规划对保障城市抗震安全和提高城市综合抗震防灾能力具有极其重要的意义，是减轻城市地震灾害的一项综合性工作。通过规划的实施逐步提高城市的综合抗震能力，最大限度地减轻城市地震灾害，保障地震时人民生命财产安全和经济建设的顺利进行。

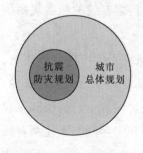

由于城市抗震防灾规划研究的是一个城市和组成城市各个区域的综合抗震防灾能力。城市抗震防灾规划是城市总体规划中的专业规划。在抗震设防区的城市，编制城市总体规划时须包括城市抗震防灾规划，如图 10.17 所示。城市抗震防灾规划的规划范围应与城市总体规划相一致，也应与城市总体规划同步实施。城市总体规划与防震减灾规划也应当相互协调。城市抗震规划的编制要贯彻"预防为主，防、抗、避、救相结合"的方针，结合实际、因地制宜、突出重点，并应达到图 10.18 所示的目标。

图 10.17　抗震防灾规划
与城市总体规划

编制城市抗震防灾规划首先应对城市抗震防灾有关的城市建设、地震地质、工程地质、水文地质、地形地貌、土层分布及地震活动性等情况进行深入调查研究，以取得准确的基础资料。在此基础上，进行城市抗震防灾规划的编写，一般规划内容应当包括：①地震的危害程度估计，城市抗震防灾现状、易损性分析和防灾能力评价，不同强度地震下的震害预测等；②城市抗震防灾规划目标、抗震设防标准；③建设用地评价与要求；④抗震防灾措施。

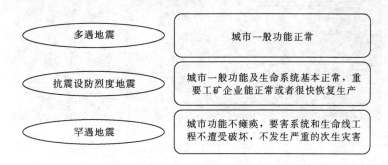

图 10.18 城市抗震防灾规划基本目标

抗震防灾规划的编制中，应考虑到采取合理的抗震防灾措施，诸如设置避震通道及避震疏散场地（如绿地、广场等）和避难中心，以便于人员疏散；合理规划城市的基础设施和生命线系统；采取防灾措施以防止地震次生灾害；重要建（构）筑物、超高建（构）筑物、人员密集的教育、文化、体育等设施的布局、间距和外部通道要求；对人员宣传教育，等等。

因此，与城市总体规划保持协调一致、采取现状和发展并重的规划理念是当前我国城市建设与发展对抗震防灾规划提出的时代要求，以人为本、平灾结合、加强防灾规划的实用性和可操作性是当前防灾规划发展所面临的一个重要课题。既要重视城市现状的防灾问题，更要将城市建设与发展过程中可能遭遇的防灾问题放到重要地位。

我国十分重视城市抗震防灾规划的研究与编制工作。为了提高城市的综合抗震防灾能力，减轻地震灾害，住建部于 2003 年 7 月发布了《城市抗震防灾规划管理规定》；2007 年 4 月又颁布了国家标准《城市抗震防灾规划标准》（GB 50413—2007）。

避震疏散规划是减少人员伤亡的有效手段。避震疏散的安排应坚持"平震结合"的原则，结合城市的绿地、广场、公园、公共设施等规划，合理进行疏散场所的规划安排，加强避震疏散的抗震安全和逐步提高避震疏散条件。日本防灾公园的建设方面走到了前面，在城市如此发达的今天，它的经验值得我们借鉴。

日本认识到保持足够数量的公园，保证避难通道两旁的绿化的重要性，而且提供完善的公园防灾设施，对市民进行普遍的防灾训练，并从 1956 年开始相继出台了有关防灾公园的法律。1993 年，日本修改后的《城市公园法实施令》把公园提到"紧急救灾对策所需要的设施"的高度，第一次把发生灾害时作为避难场所和避难通道的城市公园称为"防灾公园"，如图 10.19 所示。日本要求，1hm² 以上的城市公园都要建成防灾公园，其中包括公园内部和周边的防灾设施，以及附近的避难通道。以东京为例，该市就有近 6500 处大大小小的城市公园。其他公园也具有一定的防灾能力。

图 10.19 日本防灾公园

图 10.20 储备仓库

在日本，一旦发生大地震、火灾等灾害时，大型公园里的各种防灾设施马上可以投入使用，成为防灾救灾的根据地。如博物馆可以成为临时指挥中心；公园中的公共大楼可以架设电信通信设施；广场下有蓄水槽和储备仓库，如图 10.20 所示，广场上可以降落直升机；绿化带中间有水池，可以阻止火势的蔓延；草坪是居民的避难带；广场可以作为物资存放地，等等，如图 10.21 所示。因此，防灾公园不仅保留了公园传统意义上的娱乐功能，也被赋予了避震疏散的新功能。另外，除了具有作为避难场所的安全性和易识别性（图 10.22），生活方面的功能也在不断加强。比如公园下面有紧急水管，深埋地下，灾害时开始运行。如果紧急水道毁坏还有临时净水装置，净化蓄水槽和水池中的水可供避难居民使用等，如图 10.23 所示。

图 10.21 平时绿地，灾时起降场

图 10.22　日本避难场所的指示标志

图 10.23　公园的喷泉下面就是蓄水槽

　　(6) 做好防灾减灾教育宣传工作。日本在阪神大地震后除了加强政府的先期应急响应机制外，认为要防止灾害的发生和减少灾害损失，必须建立抗御灾害能力强的社会和社区，提出了以"自己的生命自己保护""自己的城市和市区自己保护"作为防灾的基本理念，在不断加强预防的同时，促进行政、企业、地区和社区（居民）以及志愿者团体等的携手合作和相互支援，建立一个在灾害发生时携手互助的社会体系。如东京特别重视加强防灾市民组织的建设〔图 10.24（a）〕；新加坡建构了社区民防系统，设立民防执行委员会，管理民防志愿者；纽约通过公民团的组织形式，提高公民的志愿者服务水平和危机防范意识。韩国还修建了防灾体验馆〔图 10.24（b）〕和移动安全体验车辆〔图 10.24（c）〕。

（a）日本的地震体验台

（b）韩国的防灾体验馆

（c）韩国的移动安全体验车辆

图 10.24　国外的防灾教育

　　此外，政府与民间应急计划意在加强民众之间的联系以提高城市整体防御应急水平。只有在政府与全民参与的情况下才能构建包括政府、企业和团体、公民、社区、志愿者和国际组织在内的灾害应对网络和整个社会联动体系。参与、教育、意识、演习等既是一个灾害学习过程，也是在培育灾害文化。

　　从文化角度看防灾减灾及安全问题不仅是近年来国内外的追求，也是 20 世纪 90 年代联合国一再倡导的"全球预防文化"的主题。新世纪的中国如何实施安全文化教育计划？推进 21 世纪国民安全文化建设重在落实管理者的安全文化教育；市民的减灾宣传文化教育重在"以人为本"，突出人性化的综合防灾减灾战略。无论是人为因素为主的灾害，还是人为决策失误型灾害，坚持综合防灾减灾的思想都是根本的要素。具体做法是：

1）开展城市建筑类防灾的综合防灾科学专门教育，加大专业人才的培养力度。

2）做好城市公众的安全文化宣传教育工作，最大限度地提高城市公众防灾的自觉行动。

3）减灾宣传教育是要强化公众对于减灾的思维模式、行为方式和应对灾害的措施。

4）减灾的宣传教育要传授灾害知识，使公众了解灾害的一般知识，如灾前征兆，灾害过程，灾害机理，灾害后果等，并要加强对小年龄层灾害教育的重视。

5）减灾宣传教育要使公众意识到灾害在现代社会中所造成的损失和不利影响的综合性、广泛性和严重性，提高公众积极参与减灾的意识。

6）减灾宣传教育要传授公众应对、处理灾害问题的实际技能，定期对社会公众进行防灾演练，提高公众的自救和互救能力。

7）各级政府机构要更加重视减灾工作，把减灾工作纳入议事日程，特别是要预防各类重大恶性灾害事件的发生。

8）通过各种传媒手段开展减灾宣传教育，普及减灾知识。减灾宣传方式要灵活，既要达到宣传的目的，又要导向正确，不引起混乱。

（7）大力开展与推广灾害保险业务。由于城市具有人口、财富与活动集中的特点，一旦遭受灾害，损失惨重。除目前采取的各种防灾措施以外，要减轻灾害的影响和对社会造成的冲击，就必须开展灾害保险业务，灾害保险是对付灾害突发事件最有效的手段之一。

保险是积累保险基金的一种科学的、完善的经济组织形式，城市能通过投保将灾害风险合法地转嫁给保险公司，使城市在遭到灾害后得到补偿。目前，保险业以其特有的优势在城市减灾领域日趋活跃，因而建立一套科学合理的城市保险体系并大力开展保险业务已势在必行。

以生命线系统为例，包括电力、燃气、供水、污水处理、通信等，这类企业一般固定资产较多，产品价格受国家限制，一次性支付保险费数额巨大，企业自身负担有很大困难。在现有的险种体系上增加生命线系统风险，可以将城市生命线系统风险从国家转嫁到保险公司，由于保险公司在资金运用上较掌握救灾款的民政部门更有优势，其经济总体效果更佳。

10.5　城市抗震减灾研究的发展趋势

当前城市灾害形势依然严峻，仍面临着来自多方面的挑战。我国正处于历史上最快的城市化发展阶段，结合我国城市特点，提高城市自然灾害的综合应对能力，对促进城市减灾与可持续发展能力具有重要意义。针对城市灾害的多样性、进化性、区域性和突发性，面向未来城市抗震减灾将主要的研究可归纳为以下 10 个方面。

（1）国内外典型灾害实例研究与城市灾害识别方法研究。抗震减灾工作的不断发展是基于对既往典型灾害实例的分析与总结，不断吸收国内外地震灾害的经验与教训，及早完成灾害的识别是各项防灾减灾工作的前提，也是重要的研究课题之一。

（2）复杂建筑的抗震与抗倒塌前沿理论、分析关键技术研究。以城市大型及重要建筑为研究对象，针对近年来我国新建的超高层复杂建筑及大跨度超长空间结构抗震设计中存在的问题，开展复杂建筑前沿抗震理论研究；考虑城市重要建筑发生人为爆炸、撞击等的影响，开展抗震与抗倒塌相关理论研究将为防灾减灾技术提供科学支持。

（3）建筑工程抵御大规模地震灾害应用技术研究。针对城市中具有突发性、频发性、损失与影响严重性的几个主要灾种，开展灾害防治关键技术的研究，研发强震下建筑工程抗倒塌技术，既有建筑的抗震鉴定加固技术及消能减震新技术。

（4）城市灾害早期识别与监测、快速预警技术的研究。开展城市灾害早期识别与监测、快速预警技术的研究，研究城镇化进程中城镇脆弱性分析技术，应对重大自然灾害的风险评估技术，实现灾害的早期识别与预警，为高效处置一体化应急处置关键技术奠定基础。

（5）地震灾情快速获取技术及应急决策支撑技术研究。以遥感技术、地理信息系统、全球定位系统、计算机网络技术为主要支撑，开展地震灾情快速获取技术研究及应急决策支撑技术研究，为应急救援与恢复重建提供技术支持。

（6）城市空间信息基础设施建设与数字减灾系统构建技术。现代防灾减灾迫切需要将防灾减灾信息与空间信息集成，将防灾减灾决策支持模型与空间分析结合，以达到信息可视化和决策科学化。在集成信息的基础上，结合空间分析和模型，实现以空间分析为基础的防灾减灾信息的综合分析。

（7）装配式建筑抗震关键技术。装配式建筑是近几年来发展的目标和重点任务。住建部要求用10年左右的时间，使装配式建筑占新建建筑面积的比例达到30％。开展装配式建筑抗震关键技术研究，形成一整套装配式建筑的标准体系，加快制定装配式混凝土结构、钢结构、现代木结构三大结构体系的技术规程对于装配式建筑健康有序发展具有重要意义。

（8）地下空间开发与防灾技术及城市综合防灾与安全保障技术。开展建筑结构与地铁等地下空间安全运营动态风险评估与控制关键技术研究，以高层与大跨建筑结构、地铁等地下空间的安全技术为重点，研究抗震、抗风、抗爆、防火等安全保障关键技术，建筑安全运营动态风险评估与控制关键技术，形成大型及重要建筑结构等的功能提升，实现城市功能提升与空间节约利用。

（9）城市易损性评价及大数据应用分析技术。城市灾害易损性评价涉及人口、财产、环境、经济，以及城市基础设施和城市发展等要素，特别是在将易损性评价的指标定量化、数据合理有效地采集等问题上有深入的研究空间。面对新型城镇化的城市动态的发展，应重视大数据的应用，促进多学科跨领域结合，为我国城市灾害易损性研究提供新的思路。

（10）城市灾害损失评估系统研究。城市灾害损失评估的结论作用于防灾、救灾决策系统，并通过防灾、救灾对策措施系统反馈回承灾系统，构成一个闭合的信息反馈路径，而形成灾害评估与防灾、救灾决策网络系统。以灾害学、环境科学和社会科学等相关科学的理论与方法为基础，丰富、完善和发展城市灾害损失评估的内容，建立城市灾害损失评估体系，以适应城市灾害损失评估的客观需要。

本 章 参 考 文 献

［1］　金磊. 城市灾害学原理［M］. 北京：气象出版社，1997.

［2］　蒋维，金磊. 中国城市综合减灾对策［M］. 北京：中国建筑工业出版社，1995.

［3］　曾宪云，李列平，邓曙光. 城市公共安全的现状及防灾减灾策略［J］. 安全生产与监督，2006，（1）：44-46.

［4］　袁丽. 防灾减灾中应重视的几个问题［N］. 长江大学学报（自然科学版），2004，27（3）：87-89.

［5］　陈贵平. 论我国城市的防灾［J］. 山西建筑，2004，30（23）：1-3.

［6］　赵成根. 国外大城市危机管理模式研究［M］. 北京：北京大学出版社，2006.

［7］　万艳华. 城市防灾学［M］. 北京：中国建筑工业出版社，2003.

［8］　金磊. 城市灾害防御与综合危机管理——安全奥运论［M］. 北京：清华大学出版社，2003.

［9］　苏幼坡，刘瑞兴. 防灾公园的减灾功能［N］. 防灾减灾工程学报，2004，24（2）：232-235.

［10］　马冬辉，周锡元，苏经宇，等. 城市抗震防灾规划的研究与编制［J］. 安全，2006，（4）：3-6.

［11］　高永昭，补学东. 抗震防灾规划与建筑工程震害预测［J］. 四川建筑科学研究，2000，26（1）：35-38.

［12］　中华人民共和国住房和城乡建设部，中华人民共和国国家质量监督检验检疫总局. GB 50011—2001　建筑抗震设计规范［S］. 北京：中国建筑工业出版社，2001.

［13］　潘旦光，宋波. 应用实数编码的遗传算法进行结构损伤检测分析［J］. 结构工程师，2006年增刊.

［14］　陈彦然，宋波. 图书馆类设施应急与避难问题探讨［C］. 第一届全国工程结构减灾暨唐山地震30周年学术会议论文集，2006（7）.

［15］　田成行，宋波. 沿岸工程结构加固的新方法［C］. 第一届全国工程结构减灾暨唐山地震30周年学术会议论文集，2006.

［16］　宋波. 图说城市桥梁病害与对策［M］. 北京：中国水利水电出版社，2014.

［17］　宋波. 图说现代城市灾害与减灾对策［M］. 北京：中国建筑工业出版社，2008.

［18］　宋波. 图说地震灾害与减灾对策［M］. 北京：中国建筑工业出版社，2008（4）：97.

［19］　宋波，张举兵. 图说桥梁病害与外观检查［M］. 北京：人民交通出版社，2007.